农作物种质资源技术规范丛书

杨梅种质资源描述规范和数据标准

Descriptors and Data Standards for Chinese Bayberry

(*Myrica rubra* Sieb. et Zucc.)

高志红　黄颖宏　等 编著

 中国农业科学技术出版社

图书在版编目（CIP）数据

杨梅种质资源描述规范和数据标准 / 高志红等编著. —北京：中国农业科学技术出版社，2020.7

（农作物种质资源技术规范丛书 / 董玉琛，刘旭主编）

ISBN 978-7-5116-4867-9

Ⅰ. ①杨…　Ⅱ. ①高…　Ⅲ. ①杨梅–种质资源–描写–规范②樟树–种质资源–数据–标准　Ⅳ. ①S667. 602. 4

中国版本图书馆 CIP 数据核字（2020）第 125474 号

责任编辑	崔改泵
责任校对	贾海霞

出 版 者	中国农业科学技术出版社
	北京市中关村南大街 12 号　邮编：100081
电　　话	（010）82109708（编辑室）　（010）82109704（发行部）
	（010）82109709（读者服务部）
传　　真	（010）82106650
网　　址	http://www.castp.cn
经 销 者	各地新华书店
印 刷 者	北京富泰印刷有限责任公司
开　　本	710mm×1 000mm　1/16
印　　张	5.75
字　　数	120 千字
版　　次	2020 年 7 月第 1 版　2020 年 7 月第 1 次印刷
定　　价	60.00 元

《农作物种质资源技术规范》
总 编 辑 委 员 会

主 任 董玉琛 刘 旭

副主任 （以姓氏笔画为序）

万建民 王述民 王宗礼 卢新雄 江用文

李立会 李锡香 杨亚军 高卫东

曹永生（常务）

委 员 （以姓氏笔画为序）

万建民	马双武	马晓岗	王力荣	王天宇
王玉富	王克晶	王志德	王述民	王宗礼
王佩芝	王坤坡	王星玉	王晓鸣	云锦凤
方 沩	方智远	方嘉禾	石云素	卢新雄
叶志华	成 浩	伍晓明	朱志华	朱德蔚
刘 旭	刘凤之	刘庆忠	刘威生	刘崇怀
刘喜才	江 东	江用文	许秀淡	孙日飞
李立会	李向华	李秀全	李志勇	李登科
李锡香	杜雄明	杜永臣	严兴初	吴新宏
杨 勇	杨亚军	杨庆文	杨欣明	沈 镝
沈育杰	邱丽娟	陆 平	张 京	张 林
张 辉	张大海	张允刚	张冰冰	张运涛
张秀荣	张宗文	张燕卿	陈 亮	陈成斌

宗绪晓	郑殿升	房伯平	范源洪	欧良喜
周传生	赵来喜	赵密珍	俞明亮	郭小丁
姜　全	姜慧芳	柯卫东	胡红菊	胡忠荣
娄希祉	高卫东	高洪文	袁　清	唐　君
曹永生	曹卫东	曹玉芬	黄华孙	黄秉智
龚友才	崔　平	揭雨成	程须珍	董玉琛
董永平	粟建光	韩龙植	蔡　青	熊兴平
黎　裕	潘一乐	潘大建	魏兴华	魏利青

总审校 娄希祉 曹永生 刘　旭

《杨梅种质资源描述规范和数据标准》
编 写 委 员 会

主 编 著 高志红　黄颖宏

副主编著 倪照君　梁森苗

执 笔 人 高志红　黄颖宏　倪照君　梁森苗

审 稿 人 (以姓氏笔画为序)

王力荣　方　沩　方伟超　刘威生

刘崇怀　张冰冰　俞明亮　陆爱华

审 　 校 曹永生

《农作物种质资源技术规范》

前　　言

　　农作物种质资源是人类生存和发展最有价值的宝贵财富，是国家重要的战略性资源，是作物育种、生物科学研究和农业生产的物质基础，是实现粮食安全、生态安全与农业可持续发展的重要保障。中国农作物种质资源种类多、数量大，以其丰富性和独特性在国际上占有重要地位。经过广大农业科技工作者多年的努力，目前已收集保存了 51 万份种质资源，积累了大量科学数据和技术资料，为制定农作物种质资源技术规范奠定了良好的基础。

　　农作物种质资源技术规范的制定是实现中国农作物种质资源工作标准化、信息化和现代化，促进农作物种质资源事业跨越式发展的一项重要任务，是农作物种质资源研究的迫切需要。其主要作用是：①规范农作物种质资源的收集、整理、保存、鉴定、评价和利用；②度量农作物种质资源的遗传多样性和丰富度；③确保农作物种质资源的遗传完整性，拓宽利用价值，提高使用时效；④提高农作物种质资源整合的效率，实现种质资源的充分共享和高效利用。

　　《农作物种质资源技术规范》是国内首次出版的农作物种质资源基础工具书，是农作物种质资源考察收集、整理鉴定、保存利用的技术手册，其主要特点：①植物分类、生态、形态，农艺、生理生化、植物保护，计算机等多学科交叉集成，具有创新性；②综合运用国内外有关标准规范和技术方法的最新研究成果，具有先进性；③由实践经验丰富和理论水平高的科学家编审，科学性、系统性和实用性强，具有权威性；④资料翔实、结构严谨、形式新颖、图文并茂，具有可操作性；⑤规定了粮食作物、经济作物、蔬菜、果树、牧草绿肥等五大类100多种作物种质资源的描述规范、数据标准和数据质量控制规范，以及收集、整理、保存技术规程，内容丰富，具有完整性。

《农作物种质资源技术规范》是在农作物种质资源50多年科研工作的基础上，参照国内外相关技术标准和先进方法，组织全国40多个科研单位，500多名科技人员进行编撰，并在全国范围内征求了2 000多位专家的意见，召开了近百次专家咨询会议，经反复修改后形成的。《农作物种质资源技术规范》按不同作物分册出版，共计130余册，便于查阅使用。

《农作物种质资源技术规范》的编撰出版，是国家农作物种质资源平台建设的重要任务之一。国家农作物种质资源平台由科技部和财政部共同设立，得到了各有关领导部门的具体指导，中国农业科学院的全力支持及全国有关科研单位、高等院校及生产部门的大力协助，在此谨致诚挚的谢意。由于时间紧、任务重、缺乏经验，书中难免有疏漏之处，恳请读者批评指正，以便修订。

总编辑委员会

前　言

　　杨梅为杨梅科（Myricaceae）杨梅属（*Myrica* L.）植物，是亚热带常绿果树。杨梅科植物主要分布在南北美洲、欧洲、非洲东部及东亚地区。该科植物根部常共生固氮根瘤菌，灌木或小乔木，常绿或落叶，通常具有树脂味芳香气味，多为雌雄异株，也存在雌雄同株，染色体基数为 X=8。

　　杨梅科植物全球共 4 个属，约 50 余种。4 个属之一的单种属（*Comptonia*）叶子狭长，具托叶，中国只有化石，活的植物在北美被保存下来。*Canancomyrica* 属分布在新加里多尼亚，*Gale* 属产于温带北美、欧洲西北部和西伯利亚东北部，后两个属和杨梅属（*Myrica*）很相近，但这三个属中国都没有分布。中国只有杨梅属 1 属 6 个种，包括杨梅（*Myrica rubra*）、毛杨梅（*Myrica esculenta*）、矮杨梅（*Myrica nana*）、青杨梅（*Myrica adenophora*）、全缘叶杨梅（*Myrica integrifolia*）和大杨梅（*Myrica arborescens*），分布于长江以南省区。

　　栽培杨梅起源于我国东南地区，是我国特有的常绿果树之一，栽培历史悠久。在湖南长沙马王堆西汉古墓及广西贵县罗波湾西汉古墓中，都发现有保存完整的杨梅果实或果核，证明 2 000 多年前，杨梅已作为水果并进入王侯之家。西汉陆贾《南越纪行》中有："罗浮山顶有湖，杨梅、山桃绕其际"，这是目前见到的最早有关杨梅的文字记载，并说明当时杨梅与桃已进行栽培。另外西汉司马相如《上林赋》中有"樗枣杨梅"的记载。

　　杨梅性喜温较耐寒，主要生长在我国长江以南和西南地区。一般在年平均温度 15~20℃，年降水量 1 000mm 以上的湿润地区栽培，杨梅树丰产，经济寿命可达 100 年左右。杨梅作为南方重要的特色果树之一，易于栽培，生产成本相对较低，被人们称为"绿色银行"和"摇钱树"。杨梅果实营养丰富，风味独特，色泽诱人，可鲜食，也可制作果汁、蜜饯、果酱和果酒等，深受消费者喜爱。杨梅四季常绿且耐瘠薄，适合丘陵山地绿化栽培，是利于生态环境保护的理想树种。另外，杨梅果实富含蛋白质、维生素、膳食纤维等营养物质以及人体所必需的 8 种氨基酸和 17 种矿物元素；杨梅果汁中的花色苷、黄酮及多酚类物质均具有较强的生物活性，对调节人体机能，延缓衰老具有积极的作用；杨梅核仁油中含有丰富的符合优质食用油标准的不饱和脂肪酸；杨梅叶片中含挥发油及鞣质，可治疗感冒，咳嗽痰血；杨梅树皮味苦、性温，具有散瘀止血、止痛的功效。

我国西南 11 省区均有野生杨梅分布，杨梅主要产区为江苏、浙江、福建、湖南、云南、贵州等省，面积约为 30 余万公顷、年产量约 100 万吨，占世界杨梅栽培面积产量的 99% 以上。日本、韩国、印度、越南、缅甸以及欧美各国，仅有少量栽培，因其果实较小，风味较差主要用于观赏或药用。

目前，已知我国杨梅种质资源有 400 余份，主要分布于江苏、浙江、福建、广西等地。近年来，国家杨梅种质圃团队对收集的种质资源的植物学性状、生物学性状、农艺性状和抗性等进行了评价鉴定，并根据资源性状对杨梅种质资源描述数据进行了梳理分析，以便用来科学的制定杨梅资源描述规范，从而有利于更加规范地收集和保存现有资源和将要收集的种质资源。

本规范标准主要包括杨梅种质资源描述规范、数据标准和数据质量控制规范三部分。杨梅种质资源描述规范规定了杨梅种质资源的描述符及其分级标准和代码，以便对杨梅种质资源进行标准化整理和数字化描述；杨梅种质资源数据标准规定了杨梅种质资源各描述符的字段名称、类型、长度、小数位、单位、代码等，以便建立规范、统一的杨梅种质资源数据库；杨梅种质资源数据质量控制规范规定了杨梅种质资源采集过程中的质量控制内容和控制方法，以保证数据的系统性、可比性和可靠性。

《杨梅种质资源描述规范和数据标准》由南京农业大学和江苏省太湖常绿果树技术推广中心共同主持编写，浙江省农业科学院协助编写，在编写过程中得到了国内外有关科研、教学和生产单位的大力支持，参考了国内外相关科技文献，由于篇幅限制，书中仅列出主要参考文献，如有遗漏之处表示谦意。初稿得到了中国农业科学院作物科学研究所、中国农业科学院郑州果树研究所、辽宁省果树研究所、吉林省农业科学院果树研究所、江苏省农业科学院果树研究所等单位相关专家的审阅指导，在此表示衷心的感谢。由于编者水平有限，错误和疏漏之处在所难免，恳请读者批评指正。

编著者

二〇二〇年六月

目　　录

1　杨梅种质资源描述规范和数据标准制定的原则和方法 …………………（1）

2　杨梅种质资源描述简表 ………………………………………………（3）

3　杨梅种质资源描述规范 ………………………………………………（8）

4　杨梅种质资源数据标准 ………………………………………………（30）

5　杨梅种质资源数据质量控制规范 ……………………………………（45）

6　杨梅种质资源数据采集表 ……………………………………………（68）

7　杨梅种质资源利用情况报告格式 ……………………………………（72）

8　杨梅种质资源利用情况登记表 ………………………………………（73）

主要参考文献 ……………………………………………………………（74）

1 杨梅种质资源描述规范和数据标准制定的原则和方法

1.1 杨梅种质资源描述规范制定的原则和方法

1.1.1 原则

1.1.1.1 优先采用现有数据库中的描述符和描述标准。

1.1.1.2 结合树种特性与实际，以种质资源研究和育种需求为主，兼顾生产与市场需要。

1.1.1.3 立足中国现有基础，兼顾将来发展，并与国际接轨。

1.1.2 方法和要求

1.1.2.1 描述符类别分为 6 类。

    1   基本信息

    2   形态特征和生物学特性

    3   品质特性

    4   抗逆性

    5   抗病虫性

    6   其他特征特性

1.1.2.2 描述符代号由描述符类别加两位顺序号组成。如"110""208"和"501"等。

1.1.2.3 描述符性质分为 3 类。

    M   必选描述符（所有种质必须鉴定评价的描述符）

    O   可选描述符（可选择鉴定评价的描述符）

    C   条件描述符（只对特定种质进行鉴定评价的描述符）

1.1.2.4 描述符的代码应是有序的。如数量性状从细到粗、从低到高、从小到大、从少到多排列，颜色从浅到深，抗性从弱到强等。

1.1.2.5 每个描述符应有一个基本的定义或说明。数量性状应指明单位，质量性状应有评价标准和等级划分。

1.1.2.6 植物学形态描述符应附照片或模式图。

1.1.2.7 重要数量性状应以数值表示。

1.2 杨梅种质资源数据标准制定的原则和方法

1.2.1 原则

1.2.1.1 数据标准中的描述符应与描述规范相一致。

1.2.1.2 数据标准应优先考虑现有数据库中的数据标准。

1.2.2 方法和要求

1.2.2.1 数据标准中的代号应与描述规范中的代号一致。

1.2.2.2 字段名最长 12 位。

1.2.2.3 字段类型分字符型（C）、数值型（N）和日期型（D）。日期型的格式为 YYYYMMDD。

1.2.2.4 经度的类型为 N，格式为 DDDFF；纬度的类型为 N，格式为 DDFF，其中 D 为度，F 为分。东经以正数表示，西经以负数表示；北纬以正数表示，南纬以负数表示。如"12136""3921"。

1.3 杨梅种质资源数据质量控制规范制定的原则和方法

1.3.1 原则

1.3.1.1 采集的数据应具有系统性、可比性和可靠性。

1.3.1.2 数据质量控制以过程控制为主，兼顾结果控制。

1.3.1.3 数据质量控制方法应具有可操作性。

1.3.2 方法和要求

1.3.2.1 鉴定评价方法以现行国家标准和行业标准为首选依据；如无国家标准和行业标准，则以国际标准或国内比较公认的先进方法为依据。

1.3.2.2 每个描述符的质量控制应包括田间设计，样本数或群体大小，时间或时期，取样数和取样方法，计量单位、精度和允许误差，采用的鉴定评价规范和标准，采用的仪器设备，性状的观测和等级划分方法，数据校验和数据分析。

2 杨梅种质资源描述简表

序号	代号	描述符	描述符性质	单位或代码
1	101	全国统一编号	M	
2	102	种质圃编号	M	
3	103	引种号	C/国外种质	
4	105	采集号	C/野生资源和地方品种	
5	105	种质名称	M	
6	106	种质外文名	M	
7	107	科名	M	
8	108	属名	M	
9	109	学名	M	
10	110	原产国	M	
11	111	原产省	M	
12	112	原产地	M	
13	113	海拔高度	C/野生资源和地方品种	m
14	114	经度	C/野生资源和地方品种	
15	115	纬度	C/野生资源和地方品种	
16	116	来源地	M	
17	117	保存单位	M	
18	118	保存单位编号	O	
19	119	系谱	C/选育品种或品系	
20	120	选育者	C/选育品种或品系	
21	121	育成年份	C/选育品种或品系	
22	122	选育方法	C/选育品种或品系	
23	123	种质类型	M	1：野生资源 2：选育品种 3：地方品种 4：品系 5：其他
24	124	图像	O	
25	125	观测地点	M	
26	201	树姿	M	1：直立 2：半开张 3：开张 4：下垂

序号	代号	描述符	描述符性质	单位或代码
27	202	树形	O	1：自然圆头形 2：扁圆形 3：半圆形 4：高圆形 5：不规则形 6：圆筒形
28	203	树势	O	1：弱 2：中 3：强
29	204	主枝数目	O	个
30	205	主干色泽	M	1：灰褐色 2：黄褐色 3：褐色
31	206	枝条姿态	M	1：向上 2：开张 3：下垂
32	207	多年生枝条皮色	M	1：灰褐色 2：黄褐色 3：褐色
33	208	春梢抽生期	M	
34	209	夏梢抽生期	M	
35	210	秋梢抽生期	M	
36	211	晚秋梢抽生期	C	
37	212	当年生春梢长度	M	cm
38	213	当年生春梢粗度	M	mm
39	214	当年生春梢节间长度	M	cm
40	215	当年生春梢颜色	M	1：绿色 2：黄绿色 3：褐色
41	216	当年生夏梢分枝数	M	个
42	217	叶片形状	M	1：长椭圆形 2：椭圆形 3：阔卵圆形 4：卵圆形 5：阔披针形 6：披针形
43	218	叶柄长度	O	cm
44	219	叶柄粗度	O	mm
45	220	叶片长度	O	cm
46	221	叶片宽度	O	cm
47	222	叶片颜色	O	1：黄绿色 2：淡绿色 3：绿色 4：浓绿色
48	223	叶尖形状	O	1：凹刻 2：钝圆 3：渐尖 4：急尖
49	224	叶基形状	O	1：宽楔 2：楔形 3：窄楔
50	225	叶缘	O	1：全缘 2：尖锯齿 3：钝锯齿 4：波状
51	226	叶姿	O	1：斜向上 2：水平 3：斜向下
52	227	叶面状态	O	1：平展 2：抱合 3：反卷 4：多皱

序号	代号	描述符	描述符性质	单位或代码
53	228	叶片蜡质	O	0：无 1：有
54	229	幼叶颜色	O	1：淡绿色 2：黄褐色 3：褐红色
55	230	花性	M	1：纯雌性 2：雌雄同株 3：雌雄同序 4：纯雄性
56	231	每花序花朵数	O	朵
57	232	雌（雄）花花序长度	O	cm
58	233	雌（雄）花花序粗度	O	mm
59	234	雌（雄）花花序形状	M	1：圆锥形 2：圆筒形
60	235	雌花花序苞片色泽	M	1：黄绿色 2：褐绿色 3：淡绿色
61	236	雌（雄）花花序着生姿态	M	1：贴生 2：斜生 3：离生
62	237	雌花花朵开张角度	M	1：小 2：中 3：大
63	238	雌花花朵色泽	M	1：淡红色 2：红色 3：朱红色
64	239	雄花序颜色	C	1：淡黄色 2：深黄色 3：淡红色 4：朱红色
65	240	花序坐果率	O	%
66	241	生理落果程度	O	1：轻 2：中 3：重
67	242	采前落果程度	O	1：轻 2：中 3：重
68	243	始果年龄	M	a
69	244	花芽萌动期	M	
70	245	叶芽萌动期	M	
71	246	初花期	M	
72	247	盛花期	M	
73	248	终花期	M	
74	249	果实硬核期	O	
75	250	果实转色期	M	
76	251	果实始熟期	M	
77	252	果实成熟期	M	
78	253	主要结果枝梢	M	1：春梢 2：夏梢 3：秋梢

序号	代号	描述符	描述符性质	单位或代码
79	254	主要结果枝类型	O	1：短果枝　2：中果枝　3：长果枝
80	255	果实发育天数	O	d
81	256	丰产性	O	1：不丰产　2：丰产
82	301	单果重	M	g
83	302	果实大小	M	1：极小　2：小　3：中　4：大　5：极大
84	303	果实形状	M	1：圆球形　2：扁圆球形　3：长圆球形　4：卵圆球形　5：不正
85	304	果实色泽	M	1：白色　2：粉红色　3：红色　4：深红色　5：紫红色　6：紫黑色
86	305	果形指数	M	
87	306	果实整齐度	M	1：不整齐　2：稍整齐　3：整齐
88	307	果实缝合线	M	1：浅　2：中　3：深
89	308	果顶形状	O	1：凸　2：凹　3：圆　4：平
90	309	果基形状	O	1：圆　2：平　3：微凹　4：深凹
91	310	果蒂数	C	个
92	311	果蒂大小	M	1：小　2：中　3：大
93	312	果蒂色泽	C	1：红色　2：紫红色　3：黄色　4：黄绿色
94	313	果梗长度	M	cm
95	314	果梗粗度	M	mm
96	315	果梗附着力	O	1：弱　2：中　3：强
97	316	肉柱形状	M	1：棒槌形　2：棍形
98	317	肉柱顶端形状	M	1：尖突　2：圆钝
99	318	可食率	M	%
100	319	果肉质地	M	1：软　2：中　3：硬
101	320	果汁含量	O	1：少　2：中　3：多

序号	代号	描述符	描述符性质	单位或代码
102	321	果实风味	M	1：甜　2：甜酸　3：甜酸适口 4：酸甜　5：酸
103	322	松脂气味	M	0：无　1：淡　2：浓
104	323	果实香气	M	0：无　1：微香　2：清香　3：异味
105	324	可溶性固形物含量	M	%
106	325	可滴定酸含量	M	%
107	326	果实内质综合评价	O	1：下　2：中　3：上
108	327	果实耐贮性	O	d
109	328	果实耐运性	O	1：弱　2：中　3：强
110	329	果核形状	O	1：卵形　2：卵圆形　3：倒卵圆形 4：圆形　5：椭圆形
111	330	果核重量	M	g
112	331	果核长度	O	cm
113	332	果核宽度	O	cm
114	333	果核厚度	O	mm
115	334	果核缝合线	M	1：浅　2：中　3：深
116	335	果核绒毛颜色	M	1：淡黄褐色　2：黄褐色　3：褐色 4：浅棕色　5：棕色
117	336	果核表面颜色	O	1：土黄色　2：黄褐色　3：灰褐色
118	337	果核粘离	M	1：粘　2：中　3：离
119	401	植株耐寒性	O	1：弱　3：较弱　5：中　7：较强 9：强
120	402	植株耐盐性	O	1：弱　3：较弱　5：中 7：较强　9：强
121	501	杨梅癌肿病抗性	O	1：弱　3：中　5：强
122	502	杨梅褐斑病抗性	O	1：弱　3：中　5：强
123	601	染色体数目	O	条
124	602	备注	O	

3 杨梅种质资源描述规范

3.1 范围

本规范规定了杨梅种质资源的描述符及其分级标准。

本规范适用于杨梅种质资源的收集、整理和保存，数据标准和数据质量控制规范的制定，以及数据库和信息共享网络系统的建立。

3.2 规范性引用文件

下列文件中的条款通过本规范的引用而成为本规范的条款。凡是注日期的引用文件，其随后所有的修改单（不包括勘误的内容）或修订版均不适用于本规范，然而，鼓励根据本规范达成协议的各方研究是否可使用这些文件的最新版本。凡是不注日期的引用文件，其最新版本适用于本规范。

ISO 3166 Codes for the Representation of Names of Countries

GB/T 2260 中华人民共和国行政区划代码

GB/T 2659 世界各国和地区名称代码

GB/T 3543—1995 农作物种子检验规程

GB/T 10220—2012 感官分析方法总论

GB/T 12404 单位隶属关系代码

3.3 术语和定义

3.3.1 杨梅

为杨梅科（Myricaceae）杨梅属（*Myrica* L.）的多年生常绿果树，乔木，果实风味独特，色泽鲜艳、汁液多，营养价值高，可鲜食也可加工。

3.3.2 杨梅种质资源

具有特定的遗传物质、在杨梅生产和育种上有利用价值植物的总称。包括杨梅属植物的种、变种、类型、品种以及近缘的植物。

3.3.3 基本信息

杨梅种质资源基本情况描述信息，包括全国统一编号、种质名称、学名、原产地、保存单位、种质类型等。

3.3.4 形态特征和生物学特性

杨梅种质资源的物候期、植物学形态、结果性状等特征特性。

3.3.5 品质特性

杨梅种质资源果实的商品品质、感官品质、营养品质和加工特性。商品品质包括单果重、着色程度等；感官品质性状包括肉质、风味等；营养品质包括维生素C含量、可溶性固形物含量等；加工特性包括出汁率、干物质含量、可食率等。

3.3.6 抗逆性

杨梅种质资源对各种非生物胁迫的适应或抵抗能力，包括耐寒性、耐盐性。

3.3.7 抗病虫性

杨梅种质资源对各种生物胁迫的适应或抵抗能力，包括杨梅癌肿病、杨梅褐斑病等。

3.3.8 杨梅的年生长周期

杨梅的年生长周期包括开花、坐果、生长、果实成熟等几个主要生长发育阶段。

3.4 基本信息

3.4.1 全国统一编号

种质的唯一标识号，杨梅种质资源的全国统一编号由"YM＊"加4位顺序号组成。

3.4.2 种质圃编号

杨梅种质在国家农作物种质资源圃中的编号，由"GPYM"加4位顺序号组成。

3.4.3 引种号

杨梅种质从国外引入时赋予的编号。

3.4.4 采集号

杨梅种质在野外采集时赋予的编号。

3.4.5 种质名称

杨梅种质的中文名称。

3.4.6 种质外文名

国外引进种质的外文名或国内种质的汉语拼音名。

3.4.7 科名

杨梅科（Myricaceae）。

3.4.8　属名

杨梅属（*Myrica* L.）。

3.4.9　学名

毛杨梅：*Myrica esculenta* Buch. Ham.

青杨梅：*Myrica edenophora* Hance

矮杨梅：*Myrica nana* Cheval

杨梅：*Myrica rubra* Sieb. et Zucc.

全缘叶杨梅：*Myrica integrifolia* Roxb

大杨梅：*Myrica arborescens* S. R. Li et X. L. Hu

其他

3.4.10　原产国

杨梅种质原产国家的名称、地区名称或国际组织的名称。

3.4.11　原产省

国内杨梅种质原产省（自治区或直辖市）名称；国外引进种质原产国家一级行政区的名称。

3.4.12　原产地

国内杨梅种质的原产县（县级市）、乡（镇）、村的名称。

3.4.13　海拔高度

杨梅种质原产地海拔高度，单位为 m。

3.4.14　经度

杨梅种质原产地经度，单位为度（°）和分（′）。格式：DDDFF，其中 DDD 为度（°），FF 为分（′）。东经为 E，西经为 W。

3.4.15　纬度

杨梅种质原产地纬度，单位为度（°）和分（′）。格式：DDFF，其中 DD 为度（°），FF 为分（′）。南纬为 S，北纬为 N。

3.4.16　来源地

国外引进杨梅种质的来源国家名称、地区名称或国际组织名称；国内种质的来源省（自治区或直辖市）、县（县级市）名称。

3.4.17　保存单位

杨梅种质提交国家种质资源圃前的原保存单位名称。

3.4.18　保存单位编号

杨梅种质在原保存单位赋予的种质编号。

3.4.19　系谱

杨梅选育品种（系）的亲缘关系。

3.4.20 选育者

选育杨梅品种（系）的单位名称或个人。

3.4.21 育成年份

杨梅品种（系）通过审（鉴）定或登记或发表的年份。

3.4.22 选育方法

杨梅品种（系）的育种方法。

3.4.23 种质类型

杨梅种质类型分为 5 类。

  1 野生资源

  2 选育品种

  3 地方品种

  4 品系

  5 其他

3.4.24 图像

杨梅种质图像文件名。图像格式为 .jpg。

3.4.25 观测地点

杨梅种质形态特征和生物学特性观测地点的名称。

3.5 形态特征和生物学特性

3.5.1 树姿

主枝着生于主干上的自然姿态（图 1）。

  1 直立

  2 半开张

  3 开张

  4 下垂

  1   2   3   4

图 1 树姿

3.5.2 树形

自然状态下植株树冠形状（图2）。

<ul style="list-style:none">
<li>1   自然圆头形</li>
<li>2   扁圆形</li>
<li>3   半圆形</li>
<li>4   高圆形</li>
<li>5   不规则形</li>
<li>6   圆筒形</li>
</ul>

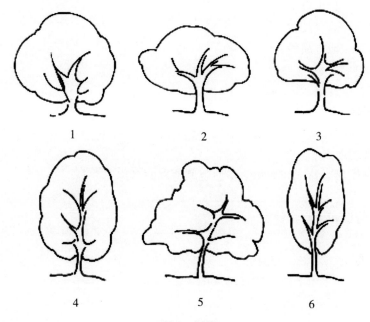

图2 树形

3.5.3 树势

植株的生长势。

<ul style="list-style:none">
<li>1   弱</li>
<li>2   中</li>
<li>3   强</li>
</ul>

3.5.4 主枝数目

着生于主干上骨干枝的数目。单位为个。

3.5.5 主干色泽

主干的颜色（图3）。

<ul style="list-style:none">
<li>1   灰褐色</li>
</ul>

2　黄褐色

3　褐色

图 3　主干颜色

3.5.6　枝条姿态

1~2 次梢的枝条与主干垂直所成的角度（图 4）。

1　向上

2　开张

3　下垂

图 4　枝条姿态

3.5.7　多年生枝条皮色

多年生枝条表皮颜色（图 5）。

1　灰褐色

2　黄褐色

3　褐色

图 5　多年生枝条皮色

3.5.8 春梢抽生期

3—5 月抽生新梢的具体时期。

3.5.9 夏梢抽生期

6—7 月抽生新梢的具体时期。

3.5.10 秋梢抽生期

8—9 月抽生新梢的具体时期。

3.5.11 晚秋梢抽生期

10—11 月以后抽生新梢的具体时期。

3.5.12 当年生春梢长度

当年生春梢平均长度。单位为 cm。

3.5.13 当年生春梢粗度

当年生春梢平均粗度。单位为 mm。

3.5.14 当年生春梢节间长度

当年生春梢节间平均长度。单位为 cm。

3.5.15 当年生春梢颜色

当年生春梢向阳面颜色（图 6）。

    1   绿色

    2   黄褐色

    3   褐色

1   2   3

图 6　当年生春梢向阳面颜色

3.5.16 当年生夏梢分枝数

夏梢停长后，当年生春梢或采果后的结果枝上抽生夏梢平均数。单位为枝。

3.5.17 叶片形状

当年生春梢中部成熟的叶片形状（图 7）。

    1   长椭圆形

    2   椭圆形

    3   阔卵圆形

4 卵圆形
5 阔披针形
6 披针形

1   2   3   4   5   6

图7 叶片形状

3.5.18 叶柄长度

成熟叶片叶柄的平均长度。单位为 cm。

3.5.19 叶柄粗度

成熟叶片叶柄的平均直径。单位为 mm。

3.5.20 叶片长度

成熟叶片平均长度。单位为 cm。

3.5.21 叶片宽度

成熟叶片平均最大宽度。单位为 cm。

3.5.22 叶片颜色

成熟叶片颜色（图8）。

1 黄绿色
2 淡绿色
3 绿色
4 浓绿色

1   2   3   4

图8 成熟叶片颜色

3.5.23 叶尖形状

成熟叶片的叶尖形状（图9）。

1　凹刻
2　钝圆
3　渐尖
4　急尖

1　　　　2　　　　3　　　　4

图9　叶尖形状

3.5.24 叶基形状

成熟叶片的叶基形状（图10）。

1　宽楔
2　楔形
3　窄楔

1　　　　2　　　　3

图10　叶基形状

3.5.25 叶缘

成熟叶片叶缘锯齿类型（图11）。

1　全缘
2　尖锯齿
3　钝锯齿
4　波状

1　　　　2　　　　3　　　　4

图11　叶缘

3.5.26　叶姿

叶片与枝条相对着生状态（图12）。

　　1　斜向上
　　2　水平
　　3　斜向下

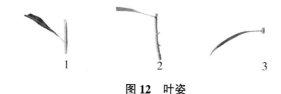

图12　叶姿

3.5.27　叶面状态

成熟叶片表面自然伸展状态（图13）。

　　1　平展
　　2　抱合
　　3　反卷
　　4　多皱

图13　叶面状态

3.5.28　叶片蜡质

叶片表面的蜡质。

　　0　无
　　1　有

3.5.29　幼叶颜色

幼嫩新梢叶颜色（图14）。

　　1　淡绿色
　　2　黄褐色
　　3　褐红色

1   2   3

图 14 幼叶颜色

3.5.30 花性

  1 纯雌性

  2 雌雄同株

  3 雌雄同序

  4 纯雄性

3.5.31 每花序花朵数

  每花序中平均花朵数量。单位为朵。

3.5.32 雌（雄）花花序长度

  每雌（雄）花序从基部到顶端的长度。单位为 cm。

3.5.33 雌（雄）花花序粗度

  每雌（雄）花序基部的粗度。单位为 mm。

3.5.34 雌（雄）花花序形状

  雌（雄）花花序形状（图 15）。

    1 圆锥形

    2 圆筒形

1   2

图 15 雌（雄）花花序形状

3.5.35 雌（雄）花花序苞片色泽

  雌（雄）花花序苞片的颜色（图 16）。

    1 黄绿色

    2 褐绿色

3　　淡绿色

1　　　　　　　2　　　　　　　3

图 16　雌（雄）花花序苞片色泽

3.5.36　雌（雄）花花序着生姿态

雌（雄）花花序着生角度（图17）。

1　贴生
2　斜生
3　离生

1　　　　　　2　　　　　　3

图 17　雌（雄）花花序着生角度

3.5.37　雌花花朵开张度

雌花花朵开张度（图18）。

1　小
2　中
3　大

1　　　　　　　2　　　　　　　3

图 18　雌花花朵开张度

3.5.38　雌花花朵色泽

雌花花朵的颜色（图19）。

1　淡红色
2　红色

3 朱红色

1 2 3

图 19 雌花花朵颜色

3.5.39 雄花序颜色

雄花序的颜色（图20）。

1 淡黄色

2 深黄色

3 淡红色

4 朱红色

1 2 3 4

图 20 雄花序的颜色

3.5.40 花序坐果率

坐果花序数占总花序数的百分率。以%表示。

3.5.41 生理落果程度

落花后 1~2 个月内幼果自然脱落的程度。

1 轻

2 中

3 重

3.5.42 采前落果程度

果实在临近成熟前脱落的程度。

1 轻

2 中

3 重

3.5.43 始果年龄

植株开始结果的年龄。单位为 a。

3.5.44 花芽萌动期

全树约有25%的顶花芽开始膨大，芽鳞松动绽开或露白的日期，以"年月日"表示，格式"YYYYMMDD"。

3.5.45 叶芽萌动期

全树约有5%的叶芽开始膨大，芽鳞松动绽开或露白的日期，以"年月日"表示，格式"YYYYMMDD"。

3.5.46 初花期

全树约有5%花朵开放的日期，以"年月日"表示，格式"YYYYMMDD"。

3.5.47 盛花期

全树约有50%花朵开放的日期，以"年月日"表示，格式"YYYYMMDD"。

3.5.48 终花期

全树约有50%的花朵开始落瓣的日期，以"年月日"表示，格式"YYYYMMDD"。

3.5.49 果实硬核期

果核开始变硬的时期。以"年月日"表示，格式"YYYYMMDD"。

3.5.50 果实转色期

杨梅果实果面外观色泽从青绿色泽变浅后开始着色的时期。以"年月日"表示，格式"YYYYMMDD"。

3.5.51 果实始熟期

全树约有10%的果实表现出该品种固有的性状，以"年月日"表示，格式"YYYYMMDD"。

3.5.52 果实成熟期

全树约有75%的果实表现出该品种固有的性状，以"年月日"表示，格式"YYYYMMDD"。

3.5.53 主要结果枝梢

杨梅树以什么时间抽生的梢为主要结果枝（主要类型的结果枝比例达60%以上）。

    1   春梢
    2   夏梢
    3   秋梢

3.5.54 主要结果枝类型

杨梅树以什么长度类型的结果枝为主要结果枝（主要类型的结果枝比例达60%以上）。

    1   短果枝
    2   中果枝

3 　长果枝

3.5.55　果实发育天数

终花期至果实成熟期的天数。单位为 d。

3.5.56　丰产性

植株进入盛果期后的结果量。

1 　不丰产
2 　丰产

3.6　果实经济性状

3.6.1　单果重

果实成熟时单个果实重量。单位为 g。

3.6.2　果实大小

按单个果实的重量进行分类。

1 　极小（单果重<6g）
2 　小（6g≤单果重<9g）
3 　中（9g≤单果重<12g）
4 　大（12g≤单果重<25g）
5 　极大（单果重≥25g）

3.6.3　果实形状

果实成熟时形状（图21）。

1 　圆球形
2 　扁圆球形
3 　长圆球形
4 　卵圆球形
5 　不正

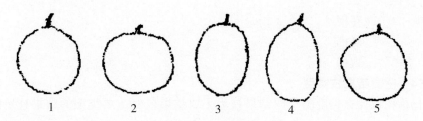

图21　果实形状

3.6.4 果实色泽

果实成熟时果实的颜色（图22）。

  1 白色

  2 粉红色

  3 红色

  4 深红色

  5 紫红色

  6 紫黑色

图 22 果实色泽

3.6.5 果形指数

果实纵径与横径的比值。

3.6.6 果实整齐度

果实成熟时果实大小、形状、颜色和成熟度的一致程度。

  1 不整齐

  2 稍整齐

  3 整齐

3.6.7 果实缝合线

发育正常的果实腹部果面缝合线的深浅情况（图23）。

  1 浅

  2 中

  3 深

图 23 果实缝合线

3.6.8 果顶形状

果实成熟时果顶形状（图24）。

  1 凸
  2 凹
  3 圆
  4 平

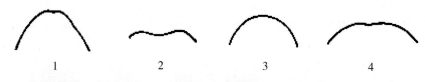

1   2   3   4

图24　果顶形状

3.6.9 果基形状

果实成熟时果基形状（图25）。

  1 圆
  2 平
  3 微凹
  4 深凹

1   2   3   4

图25　果基形状

3.6.10 果蒂数

果实成熟时单果生着生的果蒂数目。单位为个。

3.6.11 果蒂大小

果实与果柄连接处凸起的部分的体积大小。

  1 小（果蒂直径<1mm）
  2 中（1mm≤果蒂直径<2mm）
  3 大（果蒂直径≥2mm）

3.6.12 果蒂色泽

果实成熟时果蒂的颜色（图26）。

  1 紫红色
  2 红色

3   黄色

4   黄绿色

1   2   3   4

图 26   果蒂颜色

3.6.13   果柄长度

果实成熟时果柄的平均长度。单位为 cm。

3.6.14   果柄粗度

果实成熟时果柄的平均粗度。单位为 mm。

3.6.15   果柄附着力

果柄连接枝条的能力。

1   弱

2   中

3   强

3.6.16   肉柱形状

果实成熟时肉柱形状（图 27）

1   棒槌形

2   棍形

1   2

图 27   肉柱形状

3.6.17   肉柱顶端形状

果实成熟时肉柱顶端形状（图 28）。

1   尖突

2　　圆钝

1　　　　　　　　　　　　　　　　　2

图 28　肉柱顶端形状

3.6.18　可食率

成熟时可食部分占全果的比例。以%表示。

3.6.19　果肉质地

成熟时果肉质地。

　　　1　　软

　　　2　　中

　　　3　　硬

3.6.20　果汁含量

成熟时果肉汁液的多少。

　　　1　　少

　　　2　　中

　　　3　　多

3.6.21　果实风味

成熟时果肉的味道。

　　　1　　甜

　　　2　　甜酸

　　　3　　甜酸适口

　　　4　　酸甜

　　　5　　酸

3.6.22　松脂气味

成熟后果肉是否带有松节油味。

　　　0　　无

　　　1　　淡

　　　2　　浓

3.6.23　果实香气

成熟时果肉香气。

    0   无

    1   微香

    2   清香

    3   异味

3.6.24 可溶性固形物含量

成熟时果肉含可溶性固形物。以%表示。

3.6.25 可滴定酸含量

成熟时果肉含可滴定酸。以%表示。

3.6.26 果实内质综合评价

果实成熟时对果实内在品质进行综合评价。

    1   下

    2   中

    3   上

3.6.27 果实耐贮性

成熟果实在贮藏期间，保持其品质（包括外观、质地、风味和营养成分含量等）减少损耗的特性，以贮藏天数表示。

3.6.28 果实耐运性

杨梅果实远途运输的能力。

    1   弱

    2   中

    3   强

3.6.29 果核形状

果实成熟时果核的形状（图29）。

    1   卵形

    2   卵圆形

    3   倒卵圆形

    4   圆形

    5   椭圆形

    1   2   3   4   5

图29　果核形状

3.6.30　果核重量

果实成熟时单个果核的重量。单位为 g。

3.6.31　果核长度

果实成熟时果核的平均长度。单位为 cm。

3.6.32　果核宽度

果实成熟时果核的平均宽度。单位为 cm。

3.6.33　果核厚度

果实成熟时果核的平均厚度。单位为 mm。

3.6.34　果核缝合线

果核缝合线情况。

  1　浅
  2　中
  3　深

3.6.35　果核绒毛颜色

果核绒毛的颜色。

  1　淡黄褐色
  2　黄褐色
  3　褐色
  4　浅棕色
  5　棕色

3.6.36　果核表面颜色

果核表面的颜色。

  1　土黄色
  2　黄褐色
  3　灰褐色

3.6.37 果核粘离

果肉粘核程度。

  1　粘
  2　中
  3　离

3.7　抗逆性

3.7.1　植株耐寒性

杨梅植株在越冬期间忍耐或抵抗低温的能力。

1   弱

3   较弱

5   中

7   较强

9   强

3.7.2 植株耐盐性

杨梅植株耐盐的能力。

1   弱

3   较弱

5   中

7   较强

9   强

3.8 抗病虫性

3.8.1 杨梅癌肿病抗性

杨梅植株对杨梅癌肿病（*Pseudomonas syringe* pv. *myricae*）的抗性强弱。

1   弱

3   中

5   强

3.8.2 杨梅褐斑病抗性

杨梅植株对杨梅褐斑病（*Mycosphaerella myricae* Saw.）的抗性强弱。

1   强

3   中

5   弱

3.9 其他特征特性

3.9.1 染色体数目

体细胞染色体的数目。单位为条。

3.9.2 备注

杨梅种质特殊遗传符或特殊代码的具体说明。

4 杨梅种质资源数据标准

序号	代号	描述符	字段名	字段英文名	字段类型	字段长度	字段小数位	单位	代码	代码英文名	例子
1	101	全国统一编号	统一编号	Accession number	C	7					YM＊0001
2	102	种质圃编号	圃编号	Repository number	C	8					GPYM0001
3	103	引种号	引种号	Introduction number	C	8					19840001
4	104	采集号	采集号	Collecting number	N	10					1984030001
5	105	种质名称	种质名称	Accession name	C	20					紫晶
6	106	种质外文名	种质外文名	Alien name	C	20					Zi jing
7	107	科名	科名	Family	C	20					Myricaceae（杨梅科）
8	108	属名	属名	Genus	C	20					Malus L.（杨梅属）
9	109	学名	学名	Species	C	50					Myrica rubra Sieb. et Zucc.（杨梅）
10	110	原产国	国家	Country of origin	C	16					中国
11	111	原产省	省	Province of origin	C	10					江苏
12	112	原产地	原产地	Origin	C	16					苏州市

（续表）

序号	代号	描述符	字段名	字段英文名	字段类型	字段长度	字段小数位	单位	代码	代码英文名	例子
13	113	海拔	海拔	Altitude	N	5	0	m			1200
14	114	经度	经度	Longitude	C	5					12040
15	115	纬度	纬度	Latitude	C	4					3504
16	116	来源地	来源地	Sample source	C	20					江苏
17	117	保存单位	保存单位	Donor institute	C	30					南京农业大学
18	118	保存单位编号	单位编号	Donor accession number	C	8					PG-0002
19	119	系谱	系谱	Pedigree	C	50					
20	120	选育者	选育者	Breeder institute	C	30					南京农业大学
21	121	育成年份	育成年份	Releasing year	D	8					2012
22	122	选育方法	选育方法	Breeding methods	C	5					实生育种
23	123	种质类型	种质类型	Biological status of accession	C	8			1: 野生资源 2: 选育品种 3: 地方品种 4: 品系 5: 其他	1: Wild 2: Advanced cultivar 3: Traditional cultivar 4: Breeding line 5: Other	选育品种
24	124	图像	图像	Image file name	C	20					紫晶.jpg
25	125	观测地点	观测地点	Observation location	C	20					江苏苏州
26	201	树姿	树姿	Tree posture	C	6			1: 直立 2: 半开张 3: 开张 4: 下垂	1: Erect 2: Semi-standard 3: Standard 4: Drooping	半开张

（续表）

序号	代号	描述符	字段名	字段英文名	字段类型	字段长度	字段小数位	单位	代码	代码英文名	例子
27	202	树形	树形	Tree shape	C	6			1: 自然圆头形 2: 扁圆形 3: 半圆形 4: 高圆形 5: 不规则形 6: 圆筒形	1: Round head 2: Oblate 3: Crescent 4: High circle 5: Rash head 6: Cylinder	自然圆头形
28	203	树势	树势	Tree vigor	C	2			1: 弱 2: 中 3: 强	1: Weak 2: Medium 3: Strong	中
29	204	主枝数目	主枝数目	Number of main branches	N	2	0	个			5
30	205	主干色泽	主干色泽	Main color	C	6			1: 灰褐色 2: 黄褐色 3: 褐色	1: Taupe 2: Yellowish brown 3: Brown	灰褐色
31	206	枝条开张角度	枝条开张角度	Branch opening angle	C	4			1: 向上 2: 开张 3: 下垂	1: Up 2: Opening 3: Droop	开张
32	207	多年生枝条皮色	多年生枝条皮色	Perennial branch color	C	6			1: 灰褐色 2: 黄褐色 3: 褐色	1: Taupe 2: Yellowish brown 3: Brown	灰褐色
33	208	春梢抽生期	春梢抽生期	The time of shoot sprout in spring	D	8					20120313
34	209	夏梢抽生期	夏梢抽生期	The time of shoot sprout in summer	D	8					20120615

（续表）

序号	代号	描述符	字段名	字段英文名	字段类型	字段长度	字段小数位	单位	代码	代码英文名	例子
35	210	秋梢抽生期	秋梢抽生期	The time of shoot sprout in autumn	D	8					20120826
36	211	晚秋梢抽生期	晚秋梢抽生期	The time of shoot sprout in late autumn	D	8					20121015
37	212	当年生春梢长度	当年生春梢长度	One year old spring branch length	N	5	1	cm			25.5
38	213	当年生春梢粗度	当年生春梢粗度	One year old spring branch thickness	N	4	1	cm			0.5
39	214	当年生春梢节间长度	当年生春梢节间长度	One year old spring branch internode length	N	4	1	cm			1.2
40	215	当年生春梢颜色	当年生春梢颜色	Color of one year old spring branch	C	4			1：绿色 2：黄绿色 3：褐色	1: Green 2: Yellow green 3: Brown	黄绿色
41	216	当年生夏梢分枝数	当年生夏梢分枝数	Number of one year old summer branch	N	2	1	枝			2
42	217	叶片形状	叶片形状	Leaf shape	C	8			1：长椭圆形 2：椭圆形 3：阔卵圆形 4：卵圆形 5：阔披针形 6：披针形	1: Oblong 2: Oval 3: Broad oval 4: Oval 5: Wide lanceolate 6: Lanceolate	披针形
43	218	叶柄长度	叶柄长度	Length of petiole	N	4	1	cm			1.5
44	219	叶柄粗度	叶柄粗度	Thickness of petiole	N	4	1	mm			0.2

（续表）

序号	代号	描述符	字段名	字段英文名	字段类型	字段长度	字段小数位	单位	代码	代码英文名	例子
45	220	叶片长度	叶片长度	Length of leaf blade	N	4	1	cm			13.9
46	221	叶片宽度	叶片宽度	Leaf width	N	4	1	cm			3.4
47	222	叶片颜色	叶片颜色	Leaf color	C	6			1：黄绿色 2：淡绿色 3：绿色 4：浓绿色	1: Yellowish green 2: Light green 3: Green 4: Dark green	黄绿色
48	223	叶尖形状	叶尖形状	Leaf apexshape	C	4			1：凹刻 2：钝圆 3：渐尖 4：急尖	1: Intaglio 2: Blunt 3: Acuminate 4: Acuminate	渐尖
49	224	叶基形状	叶基形状	Leaf base shape	C	6			1：宽楔 2：楔形 3：窄楔	1: Wide cuneate 2: Cuneate 3: Narrow cuneate	窄楔
50	225	叶缘	叶缘	Leaf margin	C	6			1：全缘 2：尖锯齿 3：钝锯齿 4：波状	1: Entire 2: Tip entire 3: Blunt entire 4: Wave-like	全缘
51	226	叶姿	叶姿	Leaf appearance	C	6			1：斜向上 2：水平 3：斜向下	1: Upwards 2: Horizontal 3: Downwards	斜向上

（续表）

序号	代号	描述符	字段名	字段英文名	字段类型	字段长度	字段小数位	单位	代码	代码英文名	例子
52	227	叶面状态	叶面状态	Leaf surface	C	4			1：平展 2：抱合 3：反卷 4：多皱	1: Open-flat 2: Enclasped 3: Backrolled 4: Corrugated	平展
53	228	叶片蜡质	叶片蜡质	Leaf waxy	C	2			0：无 1：有	0: Absent 1: Present	有
54	229	幼叶颜色	幼叶颜色	Young leaf color	C	6			1：淡绿色 2：黄褐色 3：褐红色	1: Light green 2: Yellow brown 3: Brown red	褐红色
55	230	花性	花性	Floral sex	C	8			1：纯雌性 2：雌雄同株 3：雌雄同序 4：纯雄性	1: Pure female 2: Monoecious 3: Hermaphrodite 4: Pure male	纯雌性
56	231	每花序花朵数	每花序花朵数	Inflorescence: number of flowers	N	2	0	朵			5
57	232	雌（雄）花花序长度	雌（雄）花花序长度	Length of female (male) inflorescence	N	4	1	cm			2.1
58	233	雌（雄）花花序粗度	雌（雄）花花序粗度	Thickness of female (male) inflorescence	N	4	1	mm			0.5
59	234	雌（雄）花花序形状	雌（雄）花花序形状	Female (male) inflorescence shape	C	8			1：圆锥形 2：圆筒形	1: Conical 2: Cylinder	圆筒形

（续表）

序号	代号	描述符	字段名	字段英文名	字段类型	字段长度	字段小数位	单位	代码	代码英文名	例子
60	235	雌花花序苞片色泽	雌花花序苞片色泽	Female inflorescence bract color	C	6			1: 黄绿色 2: 褐绿色 3: 淡绿色	1: Yellowish green 2: Brown green 3: Light green	黄绿色
61	236	雌（雄）花序着生姿态	雌（雄）花序着生姿态	Female(male) inflorescence angle	C	6			1: 贴生 2: 斜生 3: 离生	1: Adpressed 2: Slightly held out 3: Markedly held out	斜生
62	237	雌花花朵开张角度	雌花花朵开张角度	Female flower angle	C	6			1: 小 2: 中 3: 大	1: Small 2: Middle 3: Wide	中
63	238	雌花花朵色泽	雌花花朵色泽	Female flower color	C	6			1: 淡红色 2: 红色 3: 朱红色	1: Light red 2: Red 3: Pearl red	淡红色
64	239	雄花序颜色	雄花序颜色	Male inflorescence color	C	6			1: 淡黄色 2: 深黄色 3: 淡红色 4: 朱红色	1: Light yellow 2: Deep yellow 3: Light red 4: Pearl red	朱红色
65	240	花序坐果率	花序坐果率	Inflorescence fruiting rate	N	4	1	%			5.6
66	241	生理落果程度	生理落果程度	Physiological fruit drop degree	C	2			1: 轻 2: 中 3: 重	1: Light 2: Medium 3: Heavy	轻

（续表）

序号	代号	描述符	字段名	字段英文名	字段类型	字段长度	字段小数位	单位	代码	代码英文名	例子
67	242	采前落果程度	采前落果程度	Pre-harvest fruit level	C	2			1：轻 2：中 3：重	1：Light 2：Medium 3：Heavy	轻
68	243	始果年龄	始果年龄	Age of first fruiting	N	2	0	a			3
69	244	花芽萌动期	花芽萌动期	Date of flower budding	D	8	0				20120312
70	245	叶芽萌动期	叶芽萌动期	Date of leaf-bud sprouting	D	8	0				20120409
71	246	初花期	初花期	Date of early blooming	D	8	0				20120403
72	247	盛花期	盛花期	Date of full blooming	D	8	0				20120412
73	248	终花期	终花期	Date of last blooming	D	8	0				20120420
74	249	果实硬核期	果实硬核期	Date of stone hardening	D	8	0				20120523
75	250	果实转色期	果实转色期	Date of peel green decreasing	D	8	0				20120605
76	251	果实始熟期	果实始熟期	Date of fruit premature period	D	8	0				20120608
77	252	果实成熟期	果实成熟期	Date of fruit harvest maturity	D	8	0				20120615

（续表）

序号	代号	描述符	字段名	字段英文名	字段类型	字段长度	字段小数位	单位	代码	代码英文名	例子
78	253	主要结果枝梢	主要结果枝梢	Main fruiting Branches	C	4			1: 春梢 2: 夏梢 3: 秋梢	1: Spring shoots 2: Summer shoots 3: Autumn shoots	春梢
79	254	主要结果枝类型	主要结果枝类型	Main fruiting branches type	C	6			1: 短果枝 2: 中果枝 3: 长果枝	1: Short fruit twig 2: Mid-long fruit twig 3: Long fruit twig	中果枝
80	255	果实发育天数	果实发育天数	Days of fruit development	N	2	0	d			60
81	256	丰产性	丰产性	Cropping efficiency	C	2			1: 不丰产 2: 丰产	1: Poor 2: Medium	丰产
82	301	单果重	单果重	Single fruit weight	N	6	1	g			16.2
83	302	果实大小	果实大小	Fruit size	C	2			1: 极小 2: 小 3: 中 4: 大 5: 极大	1: Tiny 2: Small 3: Medium 4: Big 5: Huge	大
84	303	果实形状	果实形状	Fruit shape	C	6			1: 圆球形 2: 扁圆球形 3: 长圆球形 4: 卵圆球形 5: 不正	1: Round 2: Oblate 3: Oblong 4: Oval 5: Irregular	圆球形

（续表）

序号	代号	描述符	字段名	字段英文名	字段类型	字段长度	字段小数位	单位	代码	代码英文名	例子
85	304	果实色泽	果实色泽	Fruit color	C	6			1：白色 2：粉红色 3：红色 4：深红色 5：紫红色 6：紫黑色	1：White 2：Pink 3：Red 4：Deep red 5：Purple red 6：Purple black	紫红色
86	305	果形指数	果形指数	Fruit index	N	4	1	%			95.3
87	306	果实整齐度	果实整齐度	Uniformity of fruit size	C	6			1：不整齐 2：稍整齐 3：整齐	1：Nonuniform 2：Sight uniform 3：Uniform	整齐
88	307	果实缝合线	果实缝合线	Fruit suture	C	2			1：浅 2：中 3：深	1：Shallow 2：Medium 3：Deep	浅
89	308	果顶形状	果顶形状	Shape of fruit apex	C	2			1：凸 2：凹 3：圆 4：平	1：Protruding 2：Concave 3：Round 4：Level	圆
90	309	果基形状	果基形状	Shape of fruit shoulder	C	4			1：圆 2：平 3：微凹 4：深凹	1：Round 2：Level 3：Slight concave 4：Deep concave	平
91	310	果蒂数	果蒂数	Goldie number	N	2	0	个			0

（续表）

序号	代号	描述符	字段名	字段英文名	字段类型	字段长度	字段小数位	单位	代码	代码英文名	例子
92	311	果蒂大小	果蒂大小	Goldie size	C	2			1: 小 2: 中 3: 大	1: Small 2: Medium 3: Big	
93	312	果蒂色泽	果蒂色泽	Goldie color	C	6			1: 红色 2: 紫红色 3: 黄色 4: 黄绿色	1: Red 2: Purple red 3: Yellow 4: Yellow green	
94	313	果柄长度	果柄长度	Length of fruit stalk	N	4	1	cm			1.1
95	314	果柄粗度	果柄粗度	Thickness of fruit stalk	N	4	1	mm			0.6
96	315	果柄附着力	果柄附着力	Fruit stem adhesion	C	2			1: 弱 2: 中 3: 强	1: Weak 2: Medium 3: Strong	中
97	316	肉柱形状	肉柱形状	Pork shape	C	6			1: 棒槌形 2: 棍形	1: Baton shape 2: Stick	棒槌形
98	317	肉柱顶端形状	肉柱顶端形状	Pork top shape	C	4			1: 尖突 2: 圆钝	1: Spikes 2: Blunt	圆钝
99	318	可食率	可食率	Ratio of edible part	N	4	1	%			95.4
100	319	果肉质地	果肉质地	Flesh quality	C	4			1: 软 2: 中 3: 硬	1: Soft 2: Medium 3: Firm	软

（续表）

序号	代号	描述符	字段名	字段英文名	字段类型	字段长度	字段小数位	单位	代码	代码英文名	例子
101	320	果汁含量	果汁含量	Fruit juice	C	2			1: 少 2: 中 3: 多	1: Little 2: Medium 3: Much	多
102	321	果实风味	果实风味	Fruit flavor	C	8			1: 甜 2: 甜酸 3: 甜酸适口 4: 酸甜 5: 酸	1: Sweet 2: Sweet – sour 3: Samelevel of sweet and sour 4: Sour – sweet 5: Sour	甜酸
103	322	松脂气味	松脂气味	Turpentine odor	C	2			0: 无 1: 淡 2: 浓	0: Absent 1: Light 2: Dense	无
104	323	果实香气	果实香气	Fruit aroma	C	4			0: 无 1: 微香 2: 清香 3: 异味	0: Absent 1: Light 2: Fragrance 3: Peculiar smell	清香
105	324	可溶性固形物含量	可溶性固形物含量	Content of soluble solid matter	N	4	1	%			10.7
106	325	可滴定酸含量	可滴定酸含量	Acid content	N	4	1	%			0.6
107	326	果实内质综合评价	果实内质综合评价	Comprehensive evaluation of flesh Fruit	C	2			1: 下 2: 中 3: 上	1: Poor 2: Medium 3: Good	上

（续表）

序号	代号	描述符	字段名	字段英文名	字段类型	字段长度	字段小数位	单位	代码	代码英文名	例子
108	327	果实耐贮性	果实耐贮性	Fruit storability	N	4	0	d			1
109	328	果实耐运性	果实耐运性	Fruit endurance	C	2			1: 弱 2: 中 3: 强	1: Weak 2: Medium 3: Strong	弱
110	329	果核形状	果核形状	Shape of stone	C	8			1: 卵形 2: 卵圆形 3: 倒卵圆形 4: 圆形 5: 椭圆形	1: Oval 2: Oval 3: Inverted oval 4: Round 5: Oval	卵形
111	330	果核重量	果核重量	Stone weight	N	4	1	g			8.5
112	331	果核长度	果核长度	Length of stone	N	4	1	cm			1.1
113	332	果核宽度	果核宽度	Stone width	N	4	1	cm			4.2
114	333	果核厚度	果核厚度	Thickness of stone	N	4	1	mm			0.6
115	334	果核缝合线	果核缝合线	Depth of stone suture	C	2			1: 浅 2: 中 3: 深	1: Shallow 2: Medium 3: Deep	浅
116	335	果核绒毛颜色	果核绒毛颜色	Hair on stone color	C	8			1: 浓黄褐色 2: 黄褐色 3: 褐色 4: 浅棕色 5: 棕色	1: Light yellow brown 2: Yellow brown 3: Brown 4: Light brown 5: Brown	棕色

（续表）

序号	代号	描述符	字段名	字段英文名	字段类型	字段长度	字段小数位	单位	代码	代码英文名	例子
117	336	果核表面颜色	果核表面颜色	Fruit stone color	C	6			1：土黄色 2：黄褐色 3：灰褐色	1: Khaki 2: Yellow brown 3: Taupe	黄褐色
118	337	果核粘离	果核粘离	Stone adherence to flesh	C	2			1：粘 2：中 3：离	1: Cling 2: Semi-free 3: Free	粘
119	401	植株耐寒性	植株耐寒性	Plant tolerance to low temperature	C	2			1：弱 3：较弱 5：中 7：较强 9：强	1: Weak 3: Little weak 5: Medium 7: Relatively strong 9: Strong	强
120	402	植株耐盐性	植株耐盐性	Plant tolerance to salt	C	4			1：弱 3：较弱 5：中 7：较强 9：强	1: Weak 3: Little weak 5: Medium 7: Relatively strong 9: Strong	较弱
121	501	杨梅癌肿病抗性	杨梅癌肿病抗性	Resistance of red bayberry bacterial gal	C	2			1：弱 3：中 5：强	1: Weak 3: Medium 5: Strong	中
122	502	杨梅褐斑病抗性	杨梅褐斑病抗性	Resistance of red bayberry brown spot disease	C	2			1：弱 3：中 5：强	1: Weak 3: Medium 5: Strong	强

（续表）

序号	代号	描述符	字段名	字段英文名	字段类型	字段长度	字段小数位	单位	代码	代码英文名	例子
123	601	染色体数目	染色体数目	Chromosome number	N	4	0	条			2n＝2x＝16
124	602	备注	备注	Notes	C	40					

5 杨梅种质资源数据质量控制规范

5.1 范围

本规范规定了杨梅种质资源数据采集过程中的质量控制内容和方法。

本规范适用于杨梅种质资源的整理、整合和共享。

5.2 规范性引用文件

下列文件中的条款通过本规范的引用而成为本规范的条款。凡是注日期的引用文件，其随后所有的修改单（不包括勘误的内容）或修订版均不适用于本规范，然而，鼓励根据本规范达成协议的各方研究是否可使用这些文件的最新版本。凡是不注日期的引用文件，其最新版本适用于本规范。

ISO 3166　Codes for the Representation of Names of Countries

GB/T 2260 中华人民共和国行政区划代码

GB/T 2659 世界各国和地区名称代码

GB/T 6195—1986 水果、蔬菜维生素 C 含量测定法（2，6-二氯靛酚滴定法）

GB/T 8855—1988 水果、蔬菜产品中干物质和水分含量的测定方法

GB/T 12404 单位隶属关系代码

GB/T 12456—2008 食物中总酸的测定

5.3 数据质量控制的基本方法

5.3.1 试验地点选择和田间设计

5.3.1.1 试验地点

试验地点的环境条件应能够满足杨梅植株的正常生长及其特征特性的正常表达。

5.3.1.2 田间设计

供鉴定评价的杨梅植株应选择在管理水平较高，生长整齐、品种纯正、土壤

肥力基本一致的果园进行。如为新建的鉴定园，应选择品种纯正、生长健壮、大小基本一致的嫁接苗为供试材料，按照单株小区，随机排列，3 次重复进行田间设计。株行距能保证树体正常生长发育，通风透光良好。

5.3.2 数据采集

形态特征和生物学特性的原始数据采集应在植株达到稳定结果树龄及正常生长情况下获得，营养繁殖保存的取样株数为 3 株，实生繁殖保存的取样株数为 5 株。如遇自然灾害等因素严重影响植株正常生长，应重新进行观测试验和数据采集。

5.3.3 试验数据统计分析和校验

每份种质的形态特征和生物学特性观测数据依据对照品种进行校验。根据对每个性状连续 3 年的观察值，应用生物统计等方法进行整理分析，计算出每份种质性状的平均值、变异系数和标准差，并进行方差分析，判断试验结果的稳定性和可靠性。取校验值的平均值作为该种质的性状值。

5.4 基本信息

5.4.1 全国统一编号

杨梅种质资源的全国编号由 7 位字符串组成，格式为 "YM＊××××"，其中 "YM" 为杨梅种质资源，"＊" 为保存单位代码，后四位为顺序码，代表具体的编号。全国统一编号应具有唯一性。

5.4.2 种质圃编号

杨梅种质在国家农作物种质资源圃中的编号。圃编号是由 "GPYM" 加 4 位顺序号组成的 8 位字符串，如 "GPYM0001"。其中 "GP" 代表国家农作物种质资源圃，"YM" 代表杨梅种质资源，后 4 位为顺序号，从 "0001" 到 "9999" 代表具体杨梅种质的编号。只有已进入国家农作物种质资源圃保存的种质才有种质圃编号。每份种质具有唯一的圃编号。

5.4.3 引种号

引种号是由年份加 4 位顺序号组成的 8 位字符串，如 "20100024"，前 4 位表示种质从境外引进年份，后 4 位为顺序号，从 "0001" 到 "9999"。每份引进种质具有唯一的引种号。

5.4.4 采集号

杨梅种质在野外采集时赋予的编号，一般由年份加 2 位省份代码再加上 4 位顺序号组成。

5.4.5 种质名称

国内种质的原始名称和国外引进种质的中文译名，如有多个名称，可以放在英文括号内，用英文逗号分隔，如"种质名称1（种质名称2，种质名称3）"；
国外引进种质资源如果没有中文译名，可直接填写种质的外文名。

5.4.6　种质外文名

国外引进种质的外文名。国内种质可写汉语拼音，首字母大写，其他字母小
写。每个汉字的汉语拼音之间空一格，每个汉字拼音的首字母大写，如"Da Ye
Xi Di"。国外资源直接写其原名，应注意大小写和空格。

5.4.7　科名

科名由拉丁名加英文括号内的中文名组成，如"Myricaceae（杨梅科）"。
如没有中文名，直接填写拉丁名。

5.4.8　属名

属名由拉丁名加英文括号内的中文名组成，如"*Myrica* L.（杨梅属）"。如
没有中文名，直接填写拉丁名。

5.4.9　学名

学名由拉丁名加英文括号内的中文名组成，如"*M. rubra* var. *conservayus*
（阳平梅）"。如没有中文名，直接填写拉丁名。

5.4.10　原产国

杨梅种质原产国家名称、地区名称和国际组织名称。国家和地区名称参照
ISO 3166 和 GB/T 2659。如该国家已不存在，应在原国家名称前加"原"，如
"原苏联"。国际组织名称用该组织的外文名缩写，如"IPGRI"等。

5.4.11　原产省

杨梅种质原产地省份，省份名称参照 GB/T 2260。国外引进种质原产省用原
产国家一级行政区的名称。

5.4.12　原产地

杨梅种质的原产县、乡、村名称，不详的注明"不详"。县名参照
GB/T 2260。

5.4.13　海拔高度

杨梅种质原产地的海拔高度。单位为 m。

5.4.14　经度

杨梅种质原产地的经度，单位为度和分。格式为 DDDFF，其中 DDD 为度，
FF 为分。东经为正值，西经为负值，如"14437"代表东经 144°37′，"−14437"
代表西经 144°37′。

5.4.15　纬度

杨梅种质原产地的纬度，单位为度和分。格式为 DDFF，其中 DD 为度，FF
为分。北纬为正值，南纬为负值，如"3208"代表北纬 32°8′，"−2542"代表南
纬 25°42′。

5.4.16 来源地

国内杨梅种质来源省、县名称，国外引进种质的来源国家、地区名称和国际组织名称。国家、地区和国际组织名称同5.4.10，省和县名称参照 GB/T 2260。

5.4.17 保存单位

杨梅种质提交国家农作物种质资源圃长期保存前的原保存单位名称。单位名称应写全称，如"江苏省太湖常绿果树技术推广中心"。

5.4.18 保存单位编号

杨梅种质在原保存单位的种质编号。保存单位编号在同一保存单位应具有唯一性。

5.4.19 系谱

杨梅选育品种（系）的亲缘关系。

5.4.20 选育者

选育杨梅品种（系）的单位名称或个人。单位名称应写全称，如"江苏省太湖常绿果树技术推广中心"。

5.4.21 育成年份

杨梅品种（系）通过审（鉴）定或登记或发表的年份。如"2002""2012"等。

5.4.22 选育方法

杨梅品种（系）的育种方法。如"实生""杂交""芽变""辐射"等。

5.4.23 种质类型

保存杨梅种质资源类型，分为：

1　野生资源
2　选育品种
3　地方品种
4　品系
5　其他

5.4.24 图像

杨梅种质的图像文件名，图像格式为.jpg。图像文件名由统一编号加"-"加序号加".jpg"组成。如有多个图像文件，图像文件名用英文分号分隔，如"PG0001-1.jpg；PG0001-2.jpg"。图像对象主要包括植株、花、果实、特异性状等。图像要清晰，对象要突出。

5.4.25 观测地点

杨梅种质形态特征和生物学特性观测地点的名称，记录到省和县名，如"江苏苏州"。

5.5 形态特征和生物学特性

5.5.1 树姿

在休眠期，选择3株生长正常的植株，每株用量角器测量3个基部主枝中心轴线与主干的夹角，计算夹角的平均值。

参照树姿模式图及夹角的平均值，确定种质的树姿。

1   直立（夹角<45°）

2   半开张（45°≤夹角<60°）

3   开张（60°≤夹角<90°）

4   下垂（夹角≥90°）

5.5.2 树形

以全株为观察对象，采用目测法观察植株的树形。

参照树形模式图，确定种质的树形。

1   自然圆头形

2   扁圆形

3   半圆形

4   高圆形

5   不规则形

6   圆筒形

上述没有列出的其他形状，需要另外给予详细的描述和说明。

5.5.3 树势

以当年成熟夏梢的年生长量为标准，8—9月，在每株树的上下四周测量20个当年抽生的夏梢，计算夏梢的平均长度。

根据夏梢平均长度和叶片色泽，确定植株的树势。

1   弱（平均长度小于10cm，枝叶不太正常）

2   中（平均长度在10~20cm，新梢粗度以及叶的大小和色泽能达到正常）

3   强（其平均长度大于20cm，新梢粗壮，叶大而色正常）

5.5.4 主枝数目

从主干上着生出来的永久性骨干枝数。单位为枝。

5.5.5 主干色泽

中心主干皮的颜色，根据"3 杨梅种质资源描述规范 图3 主干颜色"，按照最大相似原则，确定主干颜色。

1   灰褐色

2　黄褐色

3　褐色

上述没有列出的其他色泽，用标准比色卡目测主干颜色，给予详细的描述和说明。

5.5.6　枝条姿态

在秋梢停长后，观察树冠外围东南西北中以1~2次梢的枝条与主干垂直所成的角度，以最多出现的角度为准。

1　向上（角度<45°）

2　开张（45°≤角度≤90°）

3　下垂（角度>90°）

5.5.7　多年生枝条皮色

多年生枝条皮的颜色，根据"3　杨梅种质资源描述规范　图5　多年生枝条皮色"，按照最大相似原则，确定多年生枝条颜色。

1　灰褐色

2　黄褐色

3　褐色

上述没有列出的其他色泽，用标准比色卡目测枝条向阳面颜色，给予详细的描述和说明。

5.5.8　春梢抽生期

3—5月抽生的新梢，称为春梢。记录在此期间春梢开始抽生至停止生长的时期。表示方法为"年月日~年月日"，格式"YYYYMMDD~YYYYMMDD"。如"20120315~20120410"，表示2012年3月15日至2012年4月10日为春梢抽生期。

5.5.9　夏梢抽生期

6—7月抽生的新梢，称为夏梢。记录在此期间夏梢开始抽生至停止生长的时期。表示方法为"年月日~年月日"，格式"YYYYMMDD~YYYYMMDD"。如"20120625~20120710"，表示2012年6月25日至2012年7月10日为夏梢抽生期。

5.5.10　秋梢抽生期

8—9月抽生的新梢，称为秋梢。记录在此期间秋梢开始抽生至停止生长的时期。表示方法为"年月日~年月日"，格式"YYYYMMDD~YYYYMMDD"。如"20120815~20120925"，表示2012年8月15日至2012年9月25日为秋梢抽生期。

5.5.11　晚秋梢抽生期

在10—11月以后抽生的新梢，称为秋冬梢。记录在此期间开始抽生至停止生长的时期。表示方法为"年月日~年月日"，格式"YYYYMMDD~YYYYMM-DD"。如"20121015~20121110"，表示2012年10月15日至2012年11月10日为晚秋梢抽生期。

5.5.12 当年生春梢长度

春梢停长后，随机选取10枝植株外围生长正常的一年生枝，用钢卷尺测量其从基部到顶端的长度。单位为cm，精确到0.1cm。

5.5.13 当年生春梢粗度

春梢停长后，随机选取10枝植株外围生长正常的一年生枝，用游标卡尺测量枝条基部5cm处的直径，计算平均值。单位为mm，精确到0.1mm。

5.5.14 当年生春梢节间长度

春梢停长后，随机选取10枝植株外围生长正常的一年生枝，用钢卷尺测量基部5cm处相邻两节间的长度，计算平均值。单位为cm，精确到0.1cm。

5.5.15 当年生春梢颜色

在休眠期，随机选取10枝植株外围生长正常的一年生枝，根据"3 杨梅种质资源描述规范 图6 当年生春梢向阳面颜色"，按照最大相似原则，确定一年生枝颜色。

    1   绿色

    2   黄绿色

    3   褐色

上述没有列出的其他色泽，用标准比色卡目测枝条向阳面颜色，给予详细的描述和说明。

5.5.16 当年生夏梢分枝数

夏梢停长后，统计树冠外围不同方向5枝当年生的春梢或采果后的结果枝上抽生的夏梢数的平均数，以枝为单位。

5.5.17 叶片形状

在春梢停长后，随机选取植株外围生长正常的枝条10枝，采用目测方法，观察中部完整叶片的形状。

参照叶片形状模式图，确定种质的叶片形状。

    1   长椭圆形

    2   椭圆形

    3   阔卵圆形

    4   卵圆形

    5   阔披针形

    6   披针形

上述没有列出的其他形状，需要另外给予详细的描述和说明。

5.5.18 叶柄长度

在春梢停长后,随机选取植株外围生长正常的枝条 10 枝,取枝条中部叶片,用钢卷尺测量叶柄长度,计算平均值。单位为 cm,精确到 0.1cm。

5.5.19 叶柄粗度

在春梢停长后,随机选取植株外围生长正常的枝条 10 枝,取枝条中部叶片,用游标卡尺测量叶柄粗度,计算平均值。单位为 mm,精确到 0.1mm。

5.5.20 叶片长度

在春梢停长后,随机选取植株外围生长正常的枝条 10 枝,取枝条中部叶片,用钢卷尺测量叶片的最大长度,计算平均值。单位为 cm,精确到 0.1cm。

5.5.21 叶片宽度

在春梢停长后,随机选取植株外围生长正常的枝条 10 枝,取枝条中部叶片,用钢卷尺测量叶片的最大宽度,计算平均值。单位为 cm,精确到 0.1cm。

5.5.22 叶片颜色

在春梢停长后,随机选取植株外围生长正常的枝条 10 枝,采用目测方法,观察春梢中部完整成熟叶片的颜色,根据"3 杨梅种质资源描述规范 图 8 成熟叶片颜色",确定叶片的色泽。

        1 黄绿色

        2 淡绿色

        3 绿色

        4 浓绿色

上述没有列出的其他成熟叶片颜色,与标准比色卡进行比色,给予详细的描述和说明。

5.5.23 叶尖形状

在春梢停长后,随机选取植株外围生长正常的枝条 10 枝,采用目测方法,观察春梢中部完整叶片尖端的状况。

参照叶尖模式图,确定种质的叶尖形状。

        1 凹刻

        2 钝圆

        3 渐尖

        4 急尖

上述没有列出的其他叶尖形状,需要另外给予详细的描述和说明。

5.5.24 叶基形状

在春梢停长后,随机选取植株外围生长正常的枝条 10 枝,采用目测方法,观察春梢中部成熟叶片。

参照叶基模式图,确定种质的叶基形状。

　　1　　宽楔

　　2　　楔形

　　3　　窄楔

上述没有列出的其他叶基形状，需要另外给予详细的描述和说明。

5.5.25　叶缘

在春梢停长后，随机选取植株外围生长正常的枝条 10 枝，采用目测方法，观察春梢中部完整叶片叶缘的状况。

参照叶缘模式图，确定种质的叶缘形状。

　　1　　全缘

　　2　　尖锯齿

　　3　　钝锯齿

　　4　　波状

上述没有列出的其他叶缘形状，需要另外给予详细的描述和说明。

5.5.26　叶姿

在春梢停长后，随机选取植株外围生长正常的较直立枝条 10 枝，采用目测法，观察中部成熟叶片伸展方向。

参照叶姿模式图，确定种质的叶姿类型。

　　1　　斜向上

　　2　　水平

　　3　　斜向下

上述没有列出的其他叶姿类型，需要另外给予详细的描述和说明。

5.5.27　叶面状态

在春梢停长后，随机选取植株外围生长正常的枝条 10 枝，采用目测方法，观察春梢中部完整叶片的叶面状态。

　　1　　平展

　　2　　抱合

　　3　　反卷

　　4　　多皱

上述没有列出的其他叶面状态，需要另外给予详细的描述和说明。

5.5.28　叶片蜡质

在春梢停长后，随机选取植株外围生长正常的中部叶片 10 张，通过目测和手触感的方法观测果实表面蜡质有无。

　　0　　无

　　1　　有

5.5.29 幼叶颜色

在新梢生长后,随机选取植株外围完全展开、生长正常的幼叶 10 片,采用目测方法,观察叶片的颜色,根据"3 杨梅种质资源描述规范 图 14 幼叶颜色",确定叶片的颜色。

    1   淡绿色

    2   黄褐色

    3   褐红色

上述没有列出的其他幼叶颜色,与标准比色卡进行比色,给予详细的描述和说明。

5.5.30 花性

开花后,通过观察树体不同部分盛开的花序,确定其花性。

    1   纯雌性

    2   雌雄同株

    3   雌雄同序

    4   纯雄性

5.5.31 每花序花朵数

在盛花期,随机选取植株外围不同部位 20 个花序的总花朵数,计算每个花序中平均花朵数。单位为朵。

5.5.32 雌(雄)花花序长度

用游标卡尺测量雌(雄)花花序(含苞待放的花序)从基部到顶端的长度,单位为 cm,精确到 0.1cm。

5.5.33 雌(雄)花花序粗度

用游标卡尺测量雌(雄)花花序(含苞待放的花序)最宽部位的直径,单位为 mm,精确到 0.1mm。

5.5.34 雌(雄)花花序形状

在盛花期,随机选取植株外围不同部位 10 个花序,采用目测法,观察花序的形状。

参照雌(雄)花花序形状模式图,确定种质的雌(雄)花花序形状类型。

    1   圆锥形

    2   圆筒形

上述没有列出的其他雌(雄)花花序形状类型,需要另外给予详细的描述和说明。

5.5.35 雌花花序苞片色泽

在盛花期,随机选取植株外围不同部位 10 个花序,采用目测法,观察花序的颜色,根据"3 杨梅种质资源描述规范 图 16 雌花花序苞片色泽",确定花序的色泽。

  1 黄绿色

  2 褐绿色

  3 淡绿色

  上述没有列出的其他雌花花序苞片颜色，与标准比色卡进行比色，给予详细的描述和说明。

5.5.36 雌（雄）花花序着生姿态

  在盛花期，随机选取植株外围不同部位 10 个花序，采用目测法，观察花序的着生情况。

  参照雌（雄）花花序着生角度模式图，确定种质的雌（雄）花花序着生角度。

  1 贴生

  2 斜生

  3 离生

  上述没有列出的其他雌（雄）花花序着生角度，需要另外给予详细的描述和说明。

5.5.37 雌花花朵开张角度

  雌花花朵盛开时的开张角度。以花枝中上部花序的花朵占主要类型的盛开的花朵形状为准。

  参照雌花花朵形状模式图，确定种质的雌花花朵开张角度。

  1 小

  2 中

  3 大

  上述没有列出的其他雌花花朵开张角度，需要另外给予详细的描述和说明。

5.5.38 雌花花朵色泽

  雌花花朵的颜色。以花枝中上部的花序的花朵占主要类型的盛开的花朵色泽为准。根据"3 杨梅种质资源描述规范 图 19 雌花花朵颜色"，按照最大相似原则，确定花朵颜色。

  1 淡红色

  2 红色

  3 朱红色

  上述没有列出的其他雌花花朵色泽，用标准比色卡目测其颜色，给予详细的描述和说明。

5.5.39 雄花序颜色

  雄花序盛开时整个花序的颜色，以花枝中上部的花序的花朵占主要类型的盛开的花序颜色为准。根据"3 杨梅种质资源描述规范 图 20 雄花序颜色"，按照最大相似原则，确定雄花序颜色。

    1   淡黄色

    2   深黄色

    3   淡红色

    4   朱红色

上述没有列出的其他雄花序颜色，用标准比色卡目测其颜色，给予详细的描述和说明。

5.5.40 花序坐果率

花期至生理落果后调查，花期每株树标记树冠外围 100 个花序，生理落果后调查这 100 个花序坐果总数，计算每个花序平均坐果数。以 % 表示，精确到 0.1%。

5.5.41 生理落果程度

选择一个代表性主枝，落花后 7 天数计其上坐果数，1~2 个月后数计其上余下坐果数，计算两者的比率，用其来评价生理落果程度。

    1   轻（比率≥25%）

    2   中（10%≤比率<25%）

    3   重（比率<10%）

5.5.42 采前落果程度

在正常采收前 15 天，开始统计落果数量，至采收时止，计算落果数量占总结果数量的比率。

    1   轻（比率<20%）

    2   中（20%≤比率<50%）

    3   重（比率≥50%）

5.5.43 始果年龄

植株开花坐果期，从接穗在苗圃中开始生长的当年算起，至该资源 50% 以上植株开始结果年龄。单位为 a。嫁接苗注明砧木类型。

5.5.44 花芽萌动期

在春季，观察记载全树约有 25% 的顶花芽开始膨大，芽鳞松动绽开或露白的日期。表示方法为"年月日"，格式"YYYYMMDD"。如"20000503"，表示 2000 年 5 月 3 日花芽萌动。

5.5.45 叶芽萌动期

在春季，以全树为观察对象，观察记载全树约有 5% 的叶芽开始膨大，芽鳞松动绽开或露白的日期。表示方法和格式同 5.5.44。

5.5.46　初花期

在春季，观察记载全树约有 5% 的花朵开放的日期。表示方法和格式同 5.5.44。

5.5.47　盛花期

在春季，观察记载全树约有 50% 花朵开放的日期。表示方法和格式同 5.5.44。

5.5.48　终花期

在春季，观察记载全树约有 50% 的花朵开始落瓣的日期。表示方法和格式同 5.5.44。

5.5.49　果实硬核期

在果实的缓慢生长期，随机选择植株外围结果枝上的果实 10 个，观察果核的变化，记录果核由软变硬的日期，即为果实硬核期。表示方法和格式同 5.5.44。

5.5.50　果实转色期

以选择的植株为观察对象，观察果实表面的变化情况，记录果实表面绿色消退，本色开始出现的日期，即为果实转色期。表示方法和格式同 5.5.44。

5.5.51　果实始熟期

以选择的植株为观察对象，观察果实的生长情况，当全树约有 10% 果实的大小、形状、颜色等表现出该品种的固有特性的时间，即为果实成熟期。表示方法和格式同 5.5.44。

5.5.52　果实成熟期

以选择的植株为观察对象，观察果实的生长情况，当全树约有 75% 果实的大小、形状、颜色等表现出该品种的固有特性的时间，即为果实成熟期。表示方法和格式同 5.5.44。

5.5.53　主要结果枝梢

杨梅树全株结果枝上的二年生春梢、夏梢、秋梢与全树结果枝占比达 60% 以上的枝梢为主要结果枝梢。

　　　　1　　春梢
　　　　2　　夏梢
　　　　3　　秋梢

5.5.54　主要结果枝类型

杨梅树全株结果枝上的二年生长果枝梢（枝梢长度＞20cm）、中果枝（10cm＜枝梢长度＜20cm）、短果枝（枝梢长度＜10cm）与全树结果枝占比达 60% 以上的枝梢为主要结果枝梢。

　　　　1　　长果枝

2 中果枝

3 短果枝

5.5.55 果实发育天数

终花期至果实成熟期的天数。单位为 d。

5.5.56 丰产性

在果实采收期调查，以同期成熟的同龄丰产主栽品种产量为标准进行比较，按产量增减的幅度来确定种质的丰产性。

1 不丰产（产量减少 20% 以下）

2 丰产（产量增加在 20% 以上）

5.6 果实经济性状

5.6.1 单果重

在果实成熟期，随机选取植株外围发育正常的果实 10 个，称重，计算平均单果重。单位为 g，精确到 0.1 g。

5.6.2 果实大小

果实单果重大于等于 25 g 为极大果实，果实单果重小于 25 g 且大于等于 12 g 为大果实，果实单果重小于 12 g 且大于等于 9 g 为中等果实，果实单果重小于 9 g 且大于等于 6 g 为小果实，果实单果重小于 6 g 的为极小果实。

5.6.3 果实形状

在果实成熟期，随机选取植株外围发育正常的果实 10 个，采用目测方法，观察果实形状。

参照果形模式图，确定种质的果实形状。

1 圆球形

2 扁圆球形

3 长圆球形

4 卵圆球形

5 不正

上述没有列出的其他果形，需要另外给予详细的描述和说明。

5.6.4 果实色泽

在果实成熟期，随机选取植株外围发育正常的果实 10 个，采用目测方法，在正常的光照条件下观察果实的颜色。根据"3 杨梅种质资源描述规范 图 22 果实色泽"，按照最大相似原则，确定果实色泽。

1 白色

2 粉红色

3　　红色

4　　深红色

5　　紫红色

6　　紫黑色

上述没有列出的其他果实颜色，用标准比色卡目测其颜色，给予详细的描述和说明。

5.6.5　果形指数

果实纵径与横径的比值。

5.6.6　果实整齐度

在果实成熟期，随机选择植株外围发育正常的 10 个果实，采用目测方法，观察果实在大小、成熟度和颜色等方面的一致性。根据大多数果实情况，确定果实的整齐度。

1　　不整齐（果实大小相差悬殊，成熟度、颜色不一致）

2　　稍整齐（果实在大小、成熟度、颜色上有一定的差别）

3　　整齐（果实的大小相差不多，成熟度、颜色一致）

5.6.7　果实缝合线

在果实成熟期，随机选取植株外围发育正常的果实 10 个，采用目测和用手触摸方法，根据目测和用手触摸的结果，确定果实的缝合线情况。

1　　浅（果实上的缝合线不明显）

2　　中（果实上的缝合线明显）

3　　深（果实上的缝合线明显，用手可感觉到缝合线明显下凹）

5.6.8　果顶形状

在果实成熟期，随机选取植株外围发育正常的果实 10 个，采用目测方法，观察果实顶部的形状。

参照果顶模式图，确定种质的果顶形状。

1　　凸

2　　凹

3　　圆

4　　平

上述没有列出的其他果顶形状，需要另外给予详细的描述和说明。

5.6.9　果基形状

在果实成熟期，随机选取植株外围发育正常的果实 10 个，采用目测方法，观察果实基部的形状。

参照果基模式图，确定种质的果基形状。

1　　圆

2　　平

3　　微凹

4　　深凹

上述没有列出的其他果基形状，需要另外给予详细的描述和说明。

5.6.10　果蒂数

果实成熟后，随机选取植株外围发育正常的果实 10 个，统计其果蒂数，以个为单位。

5.6.11　果蒂大小

果实与果柄连接处凸起部分的大小。

1　　小（果蒂直径<1mm）

2　　中（1mm≤果蒂直径<2mm）

3　　大（果蒂直径≥2mm）

5.6.12　果蒂色泽

在果实成熟期，随机选取植株外围发育正常的果实 10 个，采用目测方法，观察果蒂的颜色。根据"3　杨梅种质资源描述规范　图 26　果蒂颜色"，按照最大相似原则，确定果蒂颜色。

1　　红色

2　　紫红色

3　　黄色

4　　黄绿色

上述没有列出的其他果蒂颜色，用标准比色卡目测其颜色，给予详细的描述和说明。

5.6.13　果柄长度

在果实成熟期，随机选取植株外围发育正常的果实 10 个，测量果梗长度。单位为 cm，精确到 0.1cm。

5.6.14　果柄粗度

在果实成熟期，随机选取植株外围发育正常的果实 10 个，测量其果梗中部粗度。单位：mm，精确到 0.1mm。

5.6.15　果柄附着力

果实成熟后，果柄轻轻碰一下果实即掉落，其附着力弱；果柄稍用力碰一下果实掉落，其附着力中；结果枝来回大幅度晃动，果实也不易掉落，其附着力强。

1　　弱

2　　中

3　　强

5.6.16 肉柱形状

在果实成熟期，随机选取植株外围发育正常的果实 10 个，采用目测方法，观察果实肉柱的形状。

参照肉柱形状模式图，确定种质的肉柱形状。

    1   棒槌形
    2   棍形

上述没有列出的其他肉柱形状，需要另外给予详细的描述和说明。

5.6.17 肉柱顶端形状

在果实成熟期，随机选取植株外围发育正常的果实 10 个，采用目测方法，观察果实肉柱顶端的形状。

参照肉柱顶端形状模式图，确定种质的肉柱顶端形状。

    1   圆钝
    2   尖突

上述没有列出的其他肉柱顶端形状，需要另外给予详细的描述和说明。

5.6.18 可食率

在果实成熟期，随机选择植株外围发育正常的 10 个果实。用感量为 1/10g 的天平称重，记录果实的总量，然后去除果肉，再对果核进行称重，记录其重量。计算果核占果实总重的百分比。以%表示，精确到 0.1%。

5.6.19 果肉质地

在果实成熟期，随机选择植株外围发育正常的 10 个果实，采后立即品尝鉴定果肉质地。

    1   软（组织疏松，牙咬切时，较松软）
    2   中（组织疏松，牙咬切时，有松软感）
    3   硬（组织致密，水分少，牙咬切时，阻力大）

5.6.20 果汁含量

在果实成熟期，随机选择植株外围发育正常的 10 个果实，去皮后，用手挤压果肉，确定果汁的含量。

    1   少（用手挤压果肉时，果肉潮湿，有汁液感）
    2   中（用手挤压果肉时，果肉有果汁出来，但不会下滴）
    3   多（用手挤压果肉时，果汁下滴）

5.6.21 果实风味

在果实成熟期，随机选择植株外围发育正常的 10 个果实，通过品尝的方法确定果实风味。

    1   甜
    2   甜酸

3　　甜酸适口

4　　酸甜

5　　酸

5.6.22　松脂气味

在果实成熟期，随机选择植株外围发育正常的 10 个果实，采用嗅觉方法，鉴定果肉是否带有松节油味。

0　　无（嗅时，不能嗅出松节油味）

1　　淡（嗅时，能嗅出松节油味）

2　　浓（嗅时，能嗅出较浓的松节油味）

5.6.23　果实香气

在果实成熟期，随机选择植株外围发育正常的 10 个果实，采用嗅觉方法，鉴定果肉香气。

0　　无（嗅时，不能嗅出香气）

1　　微香（嗅时，能嗅出香气）

2　　清香（嗅时，能嗅出较浓的香气）

3　　异味（嗅时，能嗅出异味）

5.6.24　可溶性固形物含量

在果实成熟期，随机选择植株外围发育正常的 10 个果实。测定方法按照 GB/T 8855—1988 水果、蔬菜产品中干物质和水分含量的测定方法的程序进行。以%表示，精确到 0.1%。

5.6.25　可滴定酸含量

在果实成熟期，随机选择植株外围发育正常的 10 个果实。测定方法按照 GB/T 12456—2008 食物中总酸的测定的程序进行。以%表示，精确到 0.1%。

5.6.26　果实内质综合评价

在果实成熟期，随机选择植株外围发育正常的 10 个果实，按 10 分制评价，其中大小 2 分、色泽 3 分、可溶性固形物 3 分、风味 2 分及果肉质地 1 分进行综合评价。

1　　下（总分<5.0）

2　　中（5.0≤总分<7.6）

3　　上（7.6≤总分）

5.6.27　果实耐贮性

果实成熟后。随机选择植株外围发育正常的 10 个果实，果实采收后在室温条件下贮放，至不失该果实鲜食品质的天数为止。以 d 表示。

5.6.28　果实耐运性

以果实达到 8~9 分成熟采收后，在 0~5℃的条件下运输半径来表示果实的耐运性。

    1   弱（半径<500km）

    2   中（500km≤半径<1 500km）

    3   强（半径≥1 500km）

5.6.29　果核形状

在果实成熟期，随机选取植株外围发育正常的果实 10 个，去除果肉后，采用目测的方法，观察果核的形状。

参照果核模式图，确定种质的果核形状。

    1   卵形

    2   卵圆形

    3   倒卵圆形

    4   圆形

    5   椭圆形

上述没有列出的其他果核形状，需要另外给予详细的描述和说明。

5.6.30　果核重量

在果实成熟期，随机选取植株外围发育正常的果实 10 个，去肉称重，计算平均值，即为果核重量。单位为 g，精确到 0.1g。

5.6.31　果核长度

在果实成熟期，随机选取植株外围发育正常的果实 10 个，去肉，测量果核长度。单位为 cm，精确到 0.1cm。

5.6.32　果核宽度

在果实成熟期，随机选取植株外围发育正常的果实 10 个，去肉，测量果核宽度。单位为 cm，精确到 0.1cm。

5.6.33　果核厚度

在果实成熟期，随机选取植株外围发育正常的果实 10 个，去肉，测量果核厚度。单位为 mm，精确到 0.1mm。

5.6.34　果核缝合线深浅

在果实成熟期，随机选取植株外围发育正常的果实 10 个，去除果肉后，采用目测和用手触摸方法，根据目测和用手触摸的结果，确定果核的缝合线情况。

    1   浅（果核上的缝合线不明显）

    2   中（果核上的缝合线明显）

    3   深（果核上的缝合线明显，用手可感觉到缝合线下凹程度较深）

5.6.35　果核绒毛颜色

在果实成熟期，随机选取植株外围发育正常的果实 10 个，去除果肉后，采用目测方法，观察果核绒毛的颜色。用标准比色卡目测其颜色，按照最大相似原则，确定果核绒毛颜色。

  1 淡黄褐色

  2 黄褐色

  3 褐色

  4 浅棕色

  5 棕色

上述没有列出的其他果核绒毛颜色，需要另外给予详细的描述和说明。

5.6.36　果核表面颜色

在果实成熟期，随机选取植株外围发育正常的果实 10 个，去除果肉后，采用目测方法，观察果核表面的颜色。用标准比色卡目测其颜色，按照最大相似原则，确定果核表面颜色。

  1 土黄色

  2 黄褐色

  3 灰褐色

上述没有列出的其他果核表面颜色，需要另外给予详细的描述和说明。

5.6.37　果核粘离

在果实成熟期，随机选取植株外围发育正常的果实 10 个，将果实沿缝合线刨开，观察果核与果肉粘离程度。

  1 粘

  2 中

  3 离

5.7　抗逆性

5.7.1　植株耐寒性

在冬季冻害发生较重年份，于第二年 3—5 月调查树体、枝条、花芽受冻情况。必须注明树龄、砧木、当年的气候资料和调查地点。

根据植株不同部位受害程度将种质耐寒性分为 5 级：

  1 弱（主干韧皮部坏死一周，全树枯；顶花芽受冻率在 76%以上）

  3 较弱（枝干冻害严重，主干韧皮部半周以上坏死，大部分枝条枯死，幼树主干韧皮部坏死一周；顶花芽受冻率在 45%～75%）

  5 中（主干韧皮部变褐面积较小，部分枝条枯死；顶花芽受冻率在 25%～45%）

  7 较强（枝干韧皮部未受冻或轻微受冻，发芽晚，叶片小，生长势

减弱；顶花芽受冻率在 25% 以下）

9　强（未发生冻害）

5.7.2　植株耐盐性

主要对杨梅苗采用人工的方法，进行耐盐鉴定。

将鉴定材料栽植在有防雨设施的防渗苗床内，待幼苗长到 20cm 左右时，选择高度、粗度较整齐的待测植株 300 棵，剔除其余植株。浇入溶解好的 NaCl 溶液，使土壤含盐量达到 0.30%。对照同种植株正常管理，处理 30 天后观察盐害症状，盐害级别根据盐害症状分为 6 级。

级别　　盐害症状

0 级　　与对照无差异

1 级　　20% 叶片受害

2 级　　21%～30% 叶片受害

3 级　　31%～40% 叶片受害

4 级　　41%～50% 叶片受害

5 级　　50% 以上叶片受害

根据盐害级别计算盐害指数，计算公式为：

$$SI = \frac{\Sigma(x_i n_i)}{5N} \times 100$$

式中：SI——盐害指数

x_i——各级盐害级值

n_i——各级盐害株数

i——病情分级的各个级别

N——调查总株数

实生苗耐盐性根据盐害指数分为 5 级。

1　弱（盐害指数≥70）

3　较弱（60≤盐害指数<70）

5　中（50≤盐害指数<60）

7　较强（30≤盐害指数<50）

9　强（盐害指数<30）

5.8 抗病虫性

5.8.1 杨梅癌肿病抗性（*Pseudomonas syringe* pv. *myricae*）

杨梅癌肿病是一种细菌性病害，主要发生在二、三年生的枝干上，有时也发生在多年生的主干和当年生的新梢上。初期病部产生乳白色小突起，表面光滑，后逐渐增大形成肿瘤，表面变得粗糙或凹凸不平，木栓质，很坚硬，呈褐色至黑褐色。肿瘤近球形，小者如樱桃，大者如胡桃，最大的直径可达 10cm 以上。一个枝条上的肿瘤少者 1~2 个，多者 4~5 个或更多，一般在枝条节部发生较多。对其抗性鉴定采用田间自然诱法鉴定法。

选择病害发生为害严重时期调查（4 月下旬至 5 月初）。每份材料随机选取 5 株，每株选取 2~3 个主枝，调查每个主枝上枝条发病数占比。

分级标准如下：

病级	病情
1 级	每主枝枝条发病数占总枝数的 10%以下
2 级	每主枝枝条发病数占总枝数的 11%~30%
3 级	每主枝枝条发病数占总枝数的 31%~50%
4 级	每主枝枝条发病数占总枝数的 51%~70%
5 级	每主枝枝条发病数占总枝数的 71%以上

杨梅植株对杨梅癌肿病抗性依病情指数分为 3 类。

强	病级 1~2 级
中	病级 3~4 级
弱	病级 4 级以上

5.8.2 杨梅褐斑病抗性（*Mycosphaerella myricae* Saw.）

杨梅褐斑病是一种真菌性病害，病菌以子囊果在落叶或树上的病叶中越冬。翌年 4 月底至 5 月初产生子囊孢子，5 月中旬后子囊孢子成熟，遇雨水或空气潮湿，借助风、雨、水传播蔓延。主要为害杨梅叶片，病菌侵入叶片后，开始出现针头大小的紫红色小点，后逐渐扩大呈近圆形不规则病斑，病斑直径一般为 4~8mm。病斑中央红褐色，边缘褐色或灰褐色，后期病斑中央转变成浅红褐色或灰白色，其上密生灰黑色的细小粒点，病斑逐渐联结成斑块，致使病叶干枯脱落。对其抗性鉴定采用田间自然诱法鉴定法。

选择病害发生为害严重时期调查（4 月下旬至 5 月初、5 月下旬至 6 月上旬、9 月下旬至 10 月上旬）。每份材料随机选取 5 株，每株按东西南北中选取 5 个枝条，调查每个枝条叶片发病数占比。

病级的分级标准如下：

病级　　病情

1 级　　每枝叶片发病数占总叶数的 10%以下

2 级　　每枝叶片发病数占总叶数的 11%~30%

3 级　　每枝叶片发病数占总叶数的 31%~50%

4 级　　每枝叶片发病数占总叶数的 51%~70%

5 级　　病斑占叶面积的 71%以上。

杨梅植株对杨梅褐斑病抗性依病情指数分为 3 类。

强　　病级 1~2 级

中　　病级 3~4 级

弱　　病级 4 级以上

5.9 其他特征特性

5.9.1 染色体数目

采用细胞学遗传学方法对染色体的数目进行鉴定。如二倍体 $2n = 2x = 16$，三倍体 $2n = 3x = 24$。

5.9.2 备注

杨梅种质特殊描述符或特殊代码的具体说明。

6 杨梅种质资源数据采集表

1 基本信息			
全国统一编号（1）		种质圃编号（2）	
引种号（3）		采集号（4）	
种质名称（5）		种质外文名（6）	
科名（7）		属名（8）	
学名（9）		原产国（10）	
原产省（11）		原产地（12）	
海拔高度（13）	m	经度（14）	
纬度（15）		来源地（16）	
保存单位（17）		保存单位编号（18）	
系谱（19）		选育者（20）	
育成年份（21）		选育方法（22）	
种质类型（23）	1：野生资源　2：选育品种　3：地方品种　4：品系　5：其他		
图像（24）		观测地点（25）	
2 形态特征与生物学特性			
树姿（26）	1：直立　2：半开张　3：开张　4：下垂		
树形（27）	1：自然圆头形　2：扁圆形　3：半圆形　4：高圆形　5：不规则形　6：圆筒形		
树势（28）	1：弱　　2：中　3：强	主枝数目（29）	个
主干色泽（30）	1：灰褐色 2：黄褐色　3：褐色	枝条姿态（31）	1：向上　2：开张　3：下垂
多年生枝条皮色（32）	1：灰褐色　2：黄褐色　3：褐色	春梢抽生期（33）	
夏梢抽生期（34）		秋梢抽生期（35）	
晚秋梢抽生期（36）		当年生春梢长度（37）	cm
当年生春梢粗度（38）	mm	当年生春梢节间长度（39）	cm

（续表）

当年生春梢颜色（40）	1：绿色　2：黄绿色　3：褐色	当年生夏梢分枝数（41）	个
叶片形状（42）	1：长椭圆形　2：椭圆形　3：阔卵圆形　4：卵圆形　5：阔披针形　6：披针形		
叶柄长度（43）	cm	叶柄粗度（44）	cm
叶片长度（45）	cm	叶片宽度（46）	cm
叶片颜色（47）	1：黄绿色　2：淡绿色　3：绿色　4：浓绿色	叶尖形状（48）	1：凹刻　2：钝圆　3：渐尖　4：急尖
叶基形状（49）	1：宽楔　2：楔形　3：窄楔	叶缘（50）	1：全缘2：尖锯齿　3：钝锯齿4：波状
叶姿（51）	1：斜向上　2：水平　3：斜向下	叶面状态（52）	1：平展　2：抱合　3：反卷　4：多皱
叶片蜡质（53）	0：无　1：有	幼叶颜色（54）	1：淡绿色　2：黄褐色　3：褐红色
花性（55）	1：纯雌性　2：雌雄同株　3：雌雄同序　4：纯雄性		
每花序花朵数（56）	朵	雌（雄）花花序长度（57）	cm
雌（雄）花花序粗度（58）	mm	雌（雄）花花序形状（59）	1：圆锥形　2：圆筒形
雌花花序苞片色泽（60）	1：黄绿色　2：褐绿色　3：淡绿色	雌（雄）花序着生姿态（61）	1：贴生　2：斜生　3：离生
雌花花朵开张角度（62）	1：小　2：中　3：大	雌花花朵色泽（63）	1：淡红色　2：红色　3：朱红色
雄花序颜色（64）	1：淡黄色　2：深黄色　3：淡红色　4：朱红色		
花序坐果率（65）	%	生理落果程度（66）	1：轻　2：中　3：重
采前落果程度（67）	1：轻　2：中　3：重	始果年龄（68）	a
花芽萌动期（69）		叶芽萌动期（70）	
初花期（71）		盛花期（72）	
终花期（73）		果实硬核期（74）	
果实转色期（75）		果实始熟期（76）	

果实成熟期（77）		主要结果枝梢（78）	1：春梢 2：夏梢 3：秋梢
主要结果枝类型（79）	1：短果枝　2：中果枝　3：长果枝		
果实发育天数（80）	d	丰产性（81）	1：不丰产 2：丰产
3　果实经济性状			
单果重（82）	g	果实大小（83）	1：极小　2：小 3：中　4：大 5：极大
果实形状（84）	1：圆球形　2：扁圆球形　3：长圆球形　4：卵圆球形　5：不正		
果实色泽（85）	1：白色　2：粉红色　3：红色　4：深红色　5：紫红色 6：紫黑色		
果形指数（86）		果实整齐度（87）	1：不整齐 2：稍整齐 3：整齐
果实缝合线（88）	1：浅　2：中　3：深		
果顶形状（89）	1：凸　2：凹　3：圆 4：平	果基形状（90）	1：圆　2：平 3：微凹　4：深凹
果蒂数（91）	个	果蒂大小（92）	1：小　　2：中 3：大
果蒂色泽（93）	1：红色　2：紫红色　3：黄色　4：黄绿色		
果梗长度（94）	cm	果梗粗度（95）	mm
果梗附着力（96）	1：弱　2：中　3：强	肉柱形状（97）	1：棒槌形　2：棍形
肉柱顶端形状（98）	1：尖突　2：圆钝	可食率（99）	%
果肉质地（100）	1：软　2：中　3：硬	果汁含量（101）	1：少　2：中　3：多
果实风味（102）	1：甜　2：甜酸　3：甜酸适口　4：酸甜　5：酸		
松脂气味（103）	0：无　1：淡　2：浓	果实香气（104）	0：无　1：微香 2：清香　3：异味
可溶性固形物含量（105）	%	可滴定酸含量（106）	%
果实内质综合评价（107）	1：下　2：中　3：上		

果实耐贮性（108）	d	果实耐运性（109）	1：弱 2：中 3：强
果核形状（110）	1：卵形 2：卵圆 3：倒卵圆形 4：圆形 5：椭圆形		
果核重量（111）	g	果核长度（112）	cm
果核宽度（113）	cm	果核厚度（114）	mm
果核缝合线（115）	1：浅 2：中 3：深		
果核毛绒颜色（116）	1：淡黄褐色 2：黄褐色 3：褐色 4：浅棕色 5：棕色		
果核表面颜色（117）	1：土黄色 2：黄褐色 3：灰褐色		
果核粘离（118）	1：粘 2：中 3：离		
4　抗逆性			
植株耐寒性（119）	1：弱 3：较弱 5：中 7：较强 9：强		
植株耐盐性（120）	1：弱 3：较弱 5：中 7：较强 9：强		
5　抗病虫性			
杨梅树癌肿病抗性（121）	1：强 3：中 5：弱		
杨梅树褐斑病抗性（122）	1：弱 3：中 5：强		
6　其他特征特性			
染色体数目条（123）			
备注（124）			

填表人：　　　　　　　　审核：　　　　　　　　日期：

7 杨梅种质资源利用情况报告格式

7.1 种质利用概况

每年提供利用的种质类型、份数、份次、用户数等。

7.2 种质利用效果及效益

提供利用后育成的品种（系）、创新材料，以及其他研究利用、开发创收等产生的经济、社会和生态效益。

7.3 种质利用经验和存在的问题

组织管理、资源管理、资源研究和利用等。

8 杨梅种质资源利用情况登记表

种质名称					
提供单位		提供日期		提供数量	
提供种质类 型	地方品种□ 选育品种□ 品系□ 国外引进品种□ 野生种□ 近缘植物□ 遗传材料□ 突变体□ 其他□				
提供种质形 态	植株（苗）□ 果实□ 籽粒□ 根□ 茎（插条）□ 叶□ 芽□ 花（粉）□ 组织□ 细胞□ DNA□ 其他□				
统一编号		国家种质资源圃编号			

提供种质的优异性状及利用价值：

利用单位		利用时间	
利用目的			

利用途径：

取得的实际利用效果：

种质利用单位盖章　　种质利用者签名：　　　　　年　　月　　日

主要参考文献

白殿一，刘慎斋，矫云起，等.2002.标准编写指南：GB/T 1.2—2002 和 GB/T 1.1—2000
　　的应用［M］.北京：中国标准出版社.

陈杰忠.2011.果树栽培学各论（南方本）［M］.北京：中国农业出版社.

陈宗良.2002.杨梅栽培 168 问［M］.北京：中国农业出版社.

方华生，曹若彬.1984.杨梅癌肿病病原细菌的鉴定［J］.浙江农业大学学报，10（3）：
　　309-314.

刘权，叶明儿，王南虎，等.1998.枇杷杨梅优质高产技术问答［M］.北京：中国农业出
　　版社.

缪松林，王定祥.1987.杨梅［M］.杭州：浙江科学技术出版社.

戚行江，梁森苗，张新明，等.2015.NY/T 2781—2015.国家农业行业标准《植物新品种
　　DUS 测试指南 杨梅》［S］.中华人民共和国农业部发布.

王华弉，沈颖，黄茜斌，等.2018.杨梅褐斑病发病流行规律与防治技术研究［J］.中国
　　农学通报，34（11）：108-112.

俞德浚.1979.中国果树分类学［M］.北京：农业出版社.

《农作物种质资源技术规范》丛书

分 册 目 录

1 总论

1-1 农作物种质资源基本描述规范和术语
1-2 农作物种质资源收集技术规程
1-3 农作物种质资源整理技术规程
1-4 农作物种质资源保存技术规程

2 粮食作物

2-1 水稻种质资源描述规范和数据标准
2-2 野生稻种质资源描述规范和数据标准
2-3 小麦种质资源描述规范和数据标准
2-4 小麦野生近缘植物种质资源描述规范和数据标准
2-5 玉米种质资源描述规范和数据标准
2-6 大豆种质资源描述规范和数据标准
2-7 大麦种质资源描述规范和数据标准
2-8 高粱种质资源描述规范和数据标准
2-9 谷子种质资源描述规范和数据标准
2-10 黍稷种质资源描述规范和数据标准
2-11 燕麦种质资源描述规范和数据标准
2-12 荞麦种质资源描述规范和数据标准
2-13 甘薯种质资源描述规范和数据标准
2-14 马铃薯种质资源描述规范和数据标准
2-15 籽粒苋种质资源描述规范和数据标准
2-16 小豆种质资源描述规范和数据标准
2-17 豌豆种质资源描述规范和数据标准
2-18 豇豆种质资源描述规范和数据标准
2-19 绿豆种质资源描述规范和数据标准
2-20 普通菜豆种质资源描述规范和数据标准
2-21 蚕豆种质资源描述规范和数据标准
2-22 饭豆种质资源描述规范和数据标准
2-23 木豆种质资源描述规范和数据标准

2-24　小扁豆种质资源描述规范和数据标准
2-25　鹰嘴豆种质资源描述规范和数据标准
2-26　羽扇豆种质资源描述规范和数据标准
2-27　山黧豆种质资源描述规范和数据标准
2-28　黑吉豆种质资源描述规范和数据标准
2-29　藜麦种质资源描述规范和数据标准

3　经济作物

3-1　棉花种质资源描述规范和数据标准
3-2　亚麻种质资源描述规范和数据标准
3-3　苎麻种质资源描述规范和数据标准
3-4　红麻种质资源描述规范和数据标准
3-5　黄麻种质资源描述规范和数据标准
3-6　大麻种质资源描述规范和数据标准
3-7　青麻种质资源描述规范和数据标准
3-8　油菜种质资源描述规范和数据标准
3-9　花生种质资源描述规范和数据标准
3-10　芝麻种质资源描述规范和数据标准
3-11　向日葵种质资源描述规范和数据标准
3-12　红花种质资源描述规范和数据标准
3-13　蓖麻种质资源描述规范和数据标准
3-14　苏子种质资源描述规范和数据标准
3-15　茶树种质资源描述规范和数据标准
3-16　桑树种质资源描述规范和数据标准
3-17　甘蔗种质资源描述规范和数据标准
3-18　甜菜种质资源描述规范和数据标准
3-19　烟草种质资源描述规范和数据标准
3-20　橡胶树种质资源描述规范和数据标准

4　蔬菜

4-1　萝卜种质资源描述规范和数据标准
4-2　胡萝卜种质资源描述规范和数据标准
4-3　大白菜种质资源描述规范和数据标准
4-4　不结球白菜种质资源描述规范和数据标准
4-5　菜薹和薹菜种质资源描述规范和数据标准
4-6　叶用和薹（籽）用芥菜种质资源描述规范和数据标准
4-7　根用和茎用芥菜种质资源描述规范和数据标准
4-8　结球甘蓝种质资源描述规范和数据标准
4-9　花椰菜和青花菜种质资源描述规范和数据标准
4-10　芥蓝种质资源描述规范和数据标准

4-11 黄瓜种质资源描述规范和数据标准
4-12 南瓜种质资源描述规范和数据标准
4-13 冬瓜和节瓜种质资源描述规范和数据标准
4-14 苦瓜种质资源描述规范和数据标准
4-15 丝瓜种质资源描述规范和数据标准
4-16 瓠瓜种质资源描述规范和数据标准
4-17 西瓜种质资源描述规范和数据标准
4-18 甜瓜种质资源描述规范和数据标准
4-19 番茄种质资源描述规范和数据标准
4-20 茄子种质资源描述规范和数据标准
4-21 辣椒种质资源描述规范和数据标准
4-22 菜豆种质资源描述规范和数据标准
4-23 韭菜种质资源描述规范和数据标准
4-24 葱（大葱、分葱、楼葱）种质资源描述规范和数据标准
4-25 洋葱种质资源描述规范和数据标准
4-26 大蒜种质资源描述规范和数据标准
4-27 菠菜种质资源描述规范和数据标准
4-28 芹菜种质资源描述规范和数据标准
4-29 苋菜种质资源描述规范和数据标准
4-30 莴苣种质资源描述规范和数据标准
4-31 姜种质资源描述规范和数据标准
4-32 莲种质资源描述规范和数据标准
4-33 茭白种质资源描述规范和数据标准
4-34 蕹菜种质资源描述规范和数据标准
4-35 水芹种质资源描述规范和数据标准
4-36 芋种质资源描述规范和数据标准
4-37 荸荠种质资源描述规范和数据标准
4-38 菱种质资源描述规范和数据标准
4-39 慈姑种质资源描述规范和数据标准
4-40 芡实种质资源描述规范和数据标准
4-41 蒲菜种质资源描述规范和数据标准
4-42 百合种质资源描述规范和数据标准
4-43 黄花菜种质资源描述规范和数据标准
4-44 山药种质资源描述规范和数据标准
4-45 黄秋葵种质资源描述规范和数据标准

5 果树

5-1 苹果种质资源描述规范和数据标准
5-2 梨种质资源描述规范和数据标准
5-3 山楂种质资源描述规范和数据标准
5-4 桃种质资源描述规范和数据标准

5-5   杏种质资源描述规范和数据标准
5-6   李种质资源描述规范和数据标准
5-7   柿种质资源描述规范和数据标准
5-8   核桃种质资源描述规范和数据标准
5-9   板栗种质资源描述规范和数据标准
5-10   枣种质资源描述规范和数据标准
5-11   葡萄种质资源描述规范和数据标准
5-12   草莓种质资源描述规范和数据标准
5-13   柑橘种质资源描述规范和数据标准
5-14   龙眼种质资源描述规范和数据标准
5-15   枇杷种质资源描述规范和数据标准
5-16   香蕉种质资源描述规范和数据标准
5-17   荔枝种质资源描述规范和数据标准
5-18   弥猴桃种质资源描述规范和数据标准
5-19   穗醋栗种质资源描述规范和数据标准
5-20   沙棘种质资源描述规范和数据标准
5-21   扁桃种质资源描述规范和数据标准
5-22   樱桃种质资源描述规范和数据标准
5-23   果梅种质资源描述规范和数据标准
5-24   树莓种质资源描述规范和数据标准
5-25   越橘种质资源描述规范和数据标准
5-26   榛种质资源描述规范和数据标准
5-27   杨梅种质资源描述规范和数据标准

6 牧草绿肥

6-1   牧草种质资源描述规范和数据标准
6-2   绿肥种质资源描述规范和数据标准
6-3   苜蓿种质资源描述规范和数据标准
6-4   三叶草种质资源描述规范和数据标准
6-5   老芒麦种质资源描述规范和数据标准
6-6   冰草种质资源描述规范和数据标准
6-7   无芒雀麦种质资源描述规范和数据标准